やりきれるから自信がつく

✓ 1日1枚の勉強で，学習習慣が定着！

◎目標時間に合わせ，無理のない量の問題数で構成されているので，「1日1枚」やりきることができます。

◎解説が丁寧なので，まだ学校で習っていない内容でも勉強を進めることができます。

✓ すべての学習の土台となる「基礎力」が身につく！

◎スモールステップで構成され，1冊の中でも繰り返し練習していくので，確実に「基礎力」を身につけることができます。「基礎」が身につくことで，発展的な内容に進むことができるのです。

◎教科書に沿っているので，授業の進度に合わせて使うこともできます。

✓ 勉強管理アプリの活用で，楽しく勉強できる！

◎設定した勉強時間にアラームが鳴るので，学習習慣がしっかりと身につきます。

◎時間や点数などを登録していくと，成績がグラフ化されたり，賞状をもらえたりするので，達成感を得られます。

◎勉強をがんばると，キャラクターとコミュニケーションを取ることができるので，日々のモチベーションが上がります。

① 1日1枚, 集中して解きましょう。

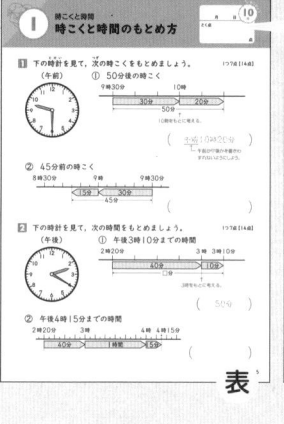
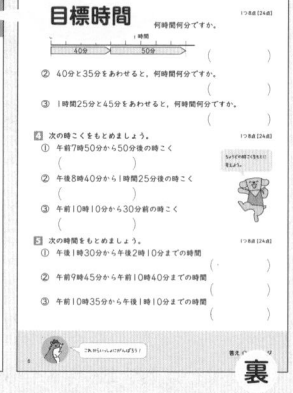

表　　　裏

◎ **1回分は, 1枚（表と裏）です。**
1枚ずつはがして使うこともできます。

◎ **目標時間を意識して解きましょう。**
アプリのストップウォッチなどで, かかった時間をはかるとよいです。

・巻末の「まとめテスト」で, この本の内容が身についたか確認できます。

② 答え合わせをしましょう。

・本の最後に, 「答えとアドバイス」があります。

・答え合わせをして, 点数をつけましょう。

できなかった問題を **解き直す**と、 **より力がつくよ！**

③ アプリに得点を登録しましょう。

・アプリに得点を登録すると, 成績がグラフ化されます。
・勉強すると, キャラクターが育ちます。

♪毎日のドリル♪ 勉強管理アプリ

「毎日のドリル」シリーズ専用、スマートフォン・タブレットで使える無料アプリです。1つのアプリで、シリーズすべてを管理でき、学習習慣が楽しく身につきます。

1 「毎日のドリル」の学習を徹底サポート！

- 毎日の勉強タイムをお知らせする「タイマー」
- かかった時間を計る「ストップウォッチ」
- 勉強した日を記録する「カレンダー」
- 入力した得点を「グラフ化」

（吹き出し）日ごろから 目標時間を 意識しよう！

勉強中
0分09秒
目標：10分00秒
いったん ていし ストップ

2 キャラクターと楽しく学べる！

好きなキャラクターを選ぶことができます。勉強をがんばるとキャラクターが育ち、「ひみつ」や「ワザ」が増えます。

3 1冊終わると、ごほうびがもらえる！

ドリルが1冊終わるごとに、賞状やメダル、称号がもらえます。

（吹き出し）これは やる気が でちゃうね！

4 漢字と英単語のゲームにチャレンジ！

ゲームで、どこでも手軽に、楽しく勉強できます。漢字は学年別、英単語はレベル別に構成されており、ドリルで勉強した内容の確認にもなります。

（吹き出し）自己ベスト更新を目指そう！

漢字のよみがなを当てよう
単語のいみを当てよう

アプリの無料ダウンロードはこちらから！
https://gakken-ep.jp/extra/maidori/

【推奨環境】
■各種Android端末：対応OS Android6.0以上
■各種iOS（iPadOS）端末：対応OS iOS10以上
※対応OSであっても、Intel CPU（x86 Atom）搭載の端末については各ストアでご確認ください。
※対応OS や対応機種については、正しく動作しない場合があります。
※お客様のネット環境および携帯端末によりアプリをご利用できない場合があります。ご理解、ご了承くださいますよう、お願いいたします。
また、事前の予告なく、サービスの提供を中止する場合があります。ご理解、ご了承いただきますよう、お願いいたします。

時こくと時間のもとめ方

月　日　10分
とく点
点

1 下の時計を見て，次の時こくをもとめましょう。　　1つ7点【14点】

（午前）

① 50分後の時こく

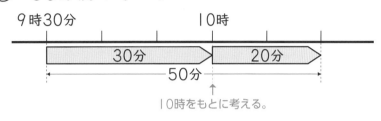

（　午前10時20分　）

└ 午前か午後かを書きわすれないようにしよう。

② 45分前の時こく

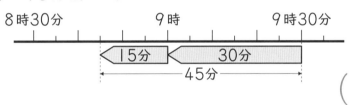

（　　　　　）

2 下の時計を見て，次の時間をもとめましょう。　　1つ7点【14点】

（午後）

① 午後3時10分までの時間

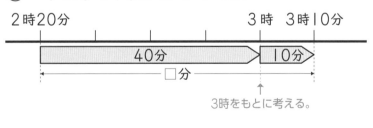

（　50分　）

② 午後4時15分までの時間

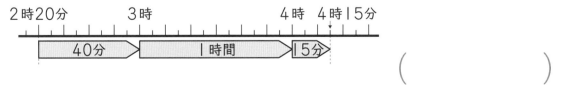

（　　　　　）

3 次の問いに答えましょう。　　　　　　　　　　　　　　1つ8点【24点】

① 40分と50分をあわせると，何時間何分ですか。

（　　　　　　　　　）

② 40分と35分をあわせると，何時間何分ですか。

（　　　　　　　　　）

③ 1時間25分と45分をあわせると，何時間何分ですか。

（　　　　　　　　　）

4 次の時こくをもとめましょう。　　　　　　　　　　　　1つ8点【24点】

① 午前7時50分から50分後の時こく

（　　　　　　　　　）

② 午後8時40分から1時間25分後の時こく

（　　　　　　　　　）

③ 午前10時10分から30分前の時こく

（　　　　　　　　　）

ちょうどの時こくをもとに考えよう。

5 次の時間をもとめましょう。　　　　　　　　　　　　　1つ8点【24点】

① 午後1時30分から午後2時10分までの時間

（　　　　　　　　　）

② 午前9時45分から午前10時40分までの時間

（　　　　　　　　　）

③ 午前10時35分から午後1時10分までの時間

（　　　　　　　　　）

これからいっしょにがんばろう！

答え ▶ 79ページ

2 短い時間

月	日	10分

とく点

点

1 ◯にあてはまる数を書きましょう。　　　　　1つ6点【18点】

① 1分10秒 = 70 秒　　　② 2分 = ◯ 秒

1分=60秒

③ 1分40秒 = ◯ 秒

2 次のストップウォッチは，何秒を表していますか。　　1つ8点【32点】

①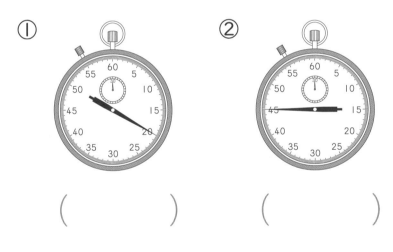

②

1分より短い時間をはかるには，ストップウォッチを使う。ストップウォッチの5，10，15，…のめもりは，5秒，10秒，15秒，…を表している。
長いはりが1まわりすると，60秒となる。

（　　　　　）　　　　（　　　　　）

③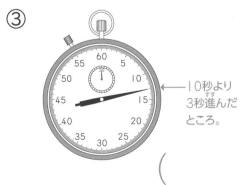

← 10秒より3秒進んだところ。

④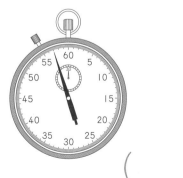

（　　　　　）　　　　（　　　　　）

3 次のストップウォッチは，何秒を表していますか。 1つ8点【24点】

①

（　　　　　）

はりは，数字のあるめもりからいくつ進んだところをさしているかな？

②

（　　　　　）

③

（　　　　　）

4 次の時間を短いじゅんに書きましょう。 【8点】

1分30秒，2分，110秒

（　　　　　　　　　　　　）

5 □ にあてはまる時間のたんいを書きましょう。 1つ6点【18点】

① おり紙で紙ひこうきをおるのにかかった時間 ……… 50

② 山登りで，ふもとからちょう上まで歩くのにかかった時間 ……………… 4

③ ふろに入っていた時間 …………………………… 25 □

ストップウォッチになれたかな。

答え ▶ 79ページ

③ 長さ まきじゃく

1 次のものの長さをはかるには，まきじゃくとものさしのどちらを使ったほうがよいですか。

1つ6点【18点】

まがっているものや，長いものの長さをはかるときには，まきじゃくがべんり。

▲まきじゃく

▲ものさし

① 木のまわり

（　　　　　　　　）

まきじゃくには，0のめもりがあるものとないものがあるよ。

② ノートの横の長さ

（　　　　　　　　）

③ 学校のろう下の長さ

（　　　　　　　　）

2 下のまきじゃくで，⑦〜①のめもりが表す長さはどれだけですか。

1つ5点【20点】

①

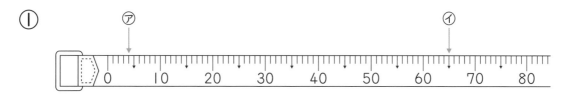

⑦（　　　　　　　　）　　　　　⑦（　　　　　　　　）

②

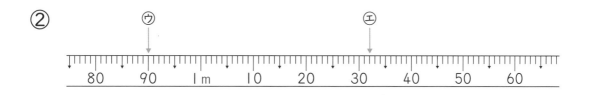

⑦（　　　　　　　　）　　　　　①（　　　　　　　　）

9

3 次のものの長さをはかるには，まきじゃくとものさしのどちらを使ったほうがよいですか。

1つ6点【18点】

① 手ちょうのたての長さ

（　　　　　）

長いものや
まるいものは
どれかな。

② 図書室の横の長さ

（　　　　　）

③ おなかまわりの長さ

（　　　　　）

4 下のまきじゃくで，㋐〜㋗のめもりが表す長さはどれだけですか。

㋐〜㋔1つ5点，㋕〜㋗1つ6点【44点】

①

㋐　　　　　　　　　㋑

0　10　20　30　40　50　60　70　80

㋐ （　　　　　　　　　） ㋑ （　　　　　　　　　）

②

㋒　　　　　　　㋓　　　　　　㋔

40　50　60　70　80　90　3m　10　20　30

㋒ （　　　　　） ㋓ （　　　　　） ㋔ （　　　　　）

③

㋕　　　　　㋖　　　　　㋗

70　80　90　12m　10　20　30　40　50　60

㋕ （　　　　　） ㋖ （　　　　　） ㋗ （　　　　　）

よくできたね！

答え ▶ 79ページ

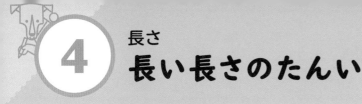

月　日　**10**分

とく点

点

1　□にあてはまる数を書きましょう。　　　　1つ3点【21点】

① 2km = ☐ m　　　　1km = 1000m

② 5000m = 5 km　　　③ 1km900m = ☐ m

④ 4km70m = ☐ m　　　⑤ 2100m = ☐ km ☐ m

⑥ 1590m = ☐ km ☐ m　　⑦ 6020m = ☐ km ☐ m

2　あわせた長さは何km何mですか。　　　①3点②4点【7点】
① 700mと500m　　　② 1km100mと600m

（　1km200m　）　　　　　（　　　　　）

3　長いほうを◯でかこみましょう。　　　1つ2点【16点】

① （1km，980m）　　　② （2km，2300m）

③ （1km300m，1km200m）　④ （1600m，1km500m）

⑤ （1km900m，2km100m）　⑥ （1100m，1km80m）

⑦ （2km300m，3200m）　　⑧ （1090m，1km700m）

4 □にあてはまる数を書きましょう。　　　　　　　　　1つ3点【24点】

① 4km = [　　　] m 　　　　　② 2km800m = [　　　] m

③ 3600m = [　　] km [　　] m 　④ 6000m = [　　] km

⑤ 1km40m = [　　　] m 　　　⑥ 5340m = [　　] km [　　] m

⑦ 4080m = [　　] km [　　] m 　⑧ 3km930m = [　　　] m

5 あわせた長さは何km何mですか。　　　　　　　　　　1つ4点【8点】

① 900mと500m 　　　　　　② 400mと1km500m

（　　　　　　　　）　　　　（　　　　　　　　）

6 長いほうを◯◯でかこみましょう。　　　　　　　　　1つ3点【24点】

① （1km450m, 1500m） 　　② （1km800m, 2km）

③ （1km100m, 1020m） 　　④ （1km90m, 1km300m）

⑤ （3km, 400m） 　　　　　⑥ （2km700m, 2080m）

⑦ （1470m, 1km740m） 　　⑧ （2040m, 2km30m）

その調子，その調子！

答え ▶ 79ページ

一万の位までの数

1 全部でいくつになりますか。数字で書きましょう。 1つ6点【18点】

それぞれの位の数が
何こあるかな。

①

一万の位	千の位	百の位	十の位	一の位
10000	1000 1000	100 100 100 100	10 10 10	1 1 1 1 1
●	●●	●●●●	●●●	●●●●●

（　　　　　）

② 10000
10000
10000

（　　　　　）

③ 10000　　　　　100　　10
10000　　　　　100
100

（　　　　　）

2 次の数の読み方を，漢字で書きましょう。 1つ5点【10点】

① 48653 （　　　　　）
　└─ 4は一万の位の数字です。

② 90720 （　　　　　）

3 次の数を数字で書きましょう。 1つ6点【12点】

① 五万二千八百十六
　└─ 一万の位までの数だから，5けたの数になる。
（　　　　　）

② 三万九千二百
（　　　　　）

4 全部でいくつになりますか。数字で書きましょう。　　1つ7点【14点】

①
10000	1000	100	10	1
10000		100	10	1
10000		100		1
10000		100		
		100		

（　　　　　　　）

②
10000	1000		10	1
10000	1000		10	
	1000		10	
			10	
			10	

（　　　　　　　）

5 次の数の読み方を，漢字で書きましょう。　　1つ6点【18点】

① 37215　　　　　（　　　　　　　　）

② 50670　　　　　（　　　　　　　　）

③ 70003　　　　　（　　　　　　　　）

6 次の数を数字で書きましょう。　　1つ7点【28点】

① 四万二千六百五十七　　　（　　　　　　　　）

② 五万九千六十　　　（　　　　　　　　）

③ 二万三百九十四　　　（　　　　　　　　）

④ 九万八　　　（　　　　　　　　）

アプリに，とく点を登ろくしよう！

答え ▶ 80ページ

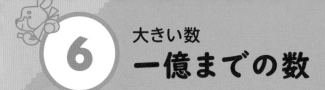

6 一億までの数

1 次の数の読み方を，漢字で書きましょう。　　1つ6点【18点】

		8	4	1	6	2	5
千万の位	百万の位	十万の位	一万の位	千の位	百の位	十の位	一の位

位取り表を使って
考えよう。
4けたで区切ると
読みやすいよ。

① 84|1625

↑
一万の位

（　八十四万千六百二十五　）

② 4307900

（　　　　　　　　　）

③ 10536000

（　　　　　　　　　）

2 次の数を数字で書きましょう。　　1つ6点【24点】

① 六十七万二千四百九十二

↑
└十万の位までの数だから，6けたの数になる。

（　　　　　　　　　）

② 三百八十万四千五百

（　　　　　　　　　）

③ 九百二万三百七十

（　　　　　　　　　）

④ 二千七十万九千百

（　　　　　　　　　）

3 次の数の読み方を，漢字で書きましょう。　　　1つ6点【24点】

① 697281

（　　　　　　　　　　　　　　　）

② 2054070

（　　　　　　　　　　　　　　　）

③ 9308002

（　　　　　　　　　　　　　　　）

④ 47000600

（　　　　　　　　　　　　　　　）

4 次の数を数字で書きましょう。　　　1つ6点【18点】

① 三十四万八千九百十

（　　　　　　　　　　　　　）

② 七百二十万八千六十

（　　　　　　　　　　　　　）

③ 六千四百万三千七

（　　　　　　　　　　　　　）

5 次の数を数字で書きましょう。　　　1つ8点【16点】

① <u>9000万と1000万をあわせた数</u>
　　└→ 1000万を10こ集めた数を一億といい，
　　　　数字で100000000と書く。

（　　　　　　　　　　　　　）

② 9900万より100万大きい数

（　　　　　　　　　　　　　）

その調子，その調子！

答え ▶ 80ページ

大きい数の表し方としくみ

1 次の数を数字で書きましょう。　　　　　　　　　1つ6点【36点】

① 一万を4こ，千を2こ，百を7こあわせた数

十と一はないので，十の位，→（　　42700　　）
一の位の数は0になる。

② 一万を9こ，十を3こあわせた数

千の位と百の位，一の位に→（　　　　　　　）
0を書き入れる。

③ 十万を8こ，一万を1こ，千を5こあわせた数

（　　　　　　　）

④ 千万を2こ，百万を6こ，十万を3こ，一万を8こあわせた数

（　　　　　　　）

⑤ 千万を7こ，一万を9こあわせた数

（　　　　　　　）

⑥ 一万を600ことと，一を2100こあわせた数

（　　　　　　　）

2 次の数は，1000を何こ集めた数ですか。　　　　　1つ5点【10点】

① 37000

（　　　　　　　）

② 190000

（　　　　　　　）

千	百	十	一	千	百	十	一
			万				
				1	0	0	0

左の表に数字を
入れてみると，
わかりやすいよ。

17

3 次の数を数字で書きましょう。　　　　　　　1つ6点【42点】

① 一万を9こ，千を1こ，十を8こあわせた数

（　　　　　　　）

② 一万を3こ，百を6こあわせた数

（　　　　　　　）

③ 十万を5こ，一万を7こ，千を9こあわせた数

（　　　　　　　）

④ 百万を6こ，十万を2こあわせた数

（　　　　　　　）

⑤ 千万を4こ，百万を2こ，一万を7こあわせた数

（　　　　　　　）

⑥ 千万を3こ，十万を4こ，千を8こあわせた数

（　　　　　　　）

⑦ 一万を295こと一を3600こあわせた数

（　　　　　　　）

4 次の数を数字で書きましょう。　　　　　　　1つ6点【12点】

① 1000を41こ集めた数

（　　　　　　　）

② 1000を520こ集めた数

（　　　　　　　）

おうえんしてるからね！

答え ▶ 80ページ

大きい数
数直線

1 下の数直線で，㋐～㋖のめもりが表す数は，それぞれいくつですか。

1つ4点【28点】

①

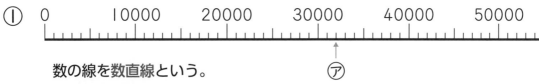

0　　10000　　20000　　30000　　40000　　50000

数の線を数直線という。
数直線を読むときは，まず
1めもりの大きさをつかむ。

㋐（　32000　）

㋐は，30000より
2000大きい数だよ。

② 35000　36000　37000　38000　39000　40000

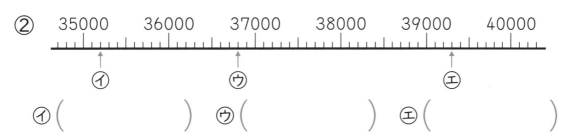

㋑　　　㋒　　　㋓

㋑（　　　　　） ㋒（　　　　　） ㋓（　　　　　）

③ 400000　500000　600000　700000　800000　900000

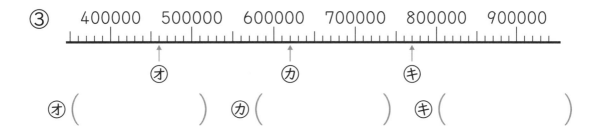

㋔　　　㋕　　　㋖

㋔（　　　　　） ㋕（　　　　　） ㋖（　　　　　）

2 □にあてはまる数を書きましょう。

1つ6点【12点】

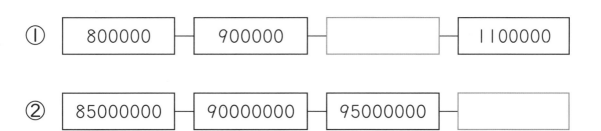

① 800000 ― 900000 ―　　　　― 1100000

② 85000000 ― 90000000 ― 95000000 ―

3 下の数直線で，㋐～㋛のめもりが表す数は，それぞれいくつですか。

1つ4点【48点】

① 60000　70000　80000　90000　100000　110000

　　　　㋐　　　　　　㋑　　　　　　　　　㋒

㋐（　　　　　　　）　㋑（　　　　　　　）　㋒（　　　　　　　）

② 59000　60000　61000　62000　63000　64000

　　　　㋓　　　　㋔　　　　　　　　㋕

㋓（　　　　　　　）　㋔（　　　　　　　）　㋕（　　　　　　　）

③ 800000　900000　1000000　1100000　1200000

　　　　㋖　　　　　　　　㋗　　　　　㋘

㋖（　　　　　　　）　㋗（　　　　　　　）　㋘（　　　　　　　）

④ 32700　32800　32900　33000　33100　33200

　　　　㋙　　　　　　　　㋚　　㋛

㋙（　　　　　　　）　㋚（　　　　　　　）　㋛（　　　　　　　）

4 □にあてはまる数を書きましょう。

1つ6点【12点】

① 700000 — 750000 — [　　] — 850000

② 60000 — [　　] — 100000 — 120000

今日もよくがんばったね！

答え ▶ 80ページ

大きい数
数の大小

月　　日　　10分

とく点

点

---

1 □にあてはまる不等号（ふとうごう）（＞，＜）を書きましょう。　1つ3点【21点】

① 16000 ＞ 1700
けた数の多いほうの数が大きい数。

数や式（しき）の大小は，不等号を使（つか）って表（あらわ）す。
⼤＞⼩　　⼩＜⼤

② 59800 □ 67100

③ 31400 □ 32060

④ 480500 □ 463020

⑤ 356200 □ 362500

⑥ 27403 □ 27340

⑦ 820050 □ 820200

---

2 □にあてはまる，等号（＝），不等号を書きましょう。　1つ3点【18点】

① 8000 □ 5000＋2000
1000が(5+2)こで 7000

② 6000 □ 13000－6000
1000が(13−6)こで 7000

③ 50000 □ 40000＋20000

④ 30000 □ 120000−90000

⑤ 100万 □ 60万＋40万

⑥ 300万 □ 800万－400万

計算はもとにする数の
何こ分かを計算してから，
数の大小をくらべよう。

3 □にあてはまる不等号を書きましょう。

1つ3点【30点】

① 72403 □ 81030

② 23710 □ 24170

③ 129000 □ 13650

④ 518500 □ 527060

⑤ 63250 □ 63045

⑥ 217800 □ 128900

⑦ 924600 □ 1095000

⑧ 704300 □ 703510

⑨ 46803 □ 45830

⑩ 879250 □ 887200

4 □にあてはまる，等号，不等号を書きましょう。

①3点，②から⑧1つ4点【31点】

① 64000 □ 60000＋3000

② 5000＋3000 □ 9000

③ 4000 □ 9000－4000

④ 10000－4000 □ 6000

⑤ 70000 □ 40000＋20000

⑥ 150000－70000 □ 80000

⑦ 500万 □ 700万－300万

⑧ 800万＋100万 □ 1000万

大きい数があかってきたかな？

答え ▶ 81ページ

10 大きい数

10倍，100倍，1000倍，10でわった数

月　日　⏱10分
とく点
点

1 次の数を10倍した数を書きましょう。　　　1つ3点【9点】

① 62

(620) ← 10倍すると，位が1つ上がり，もとの数の右に0を1つつけた数になる。

百	十	一
	6	2
6	2	0	)10倍

② 90

(　　　　　)

③ 340

(　　　　　)

2 次の数を100倍，1000倍した数を書きましょう。　　　1つ3点【18点】

① 48

100倍 (　　　　　)

1000倍 (　　　　　)

100倍すると位が2つあがり，1000倍すると位が3つあがるよ。

② 30

100倍 (　　　　　)

1000倍 (　　　　　)

③ 519

100倍 (　　　　　)

1000倍 (　　　　　)

3 次の数を10でわった数を書きましょう。　　　1つ3点【9点】

① 420

(　　　　　) ← 一の位に0のある数を10でわると，一の位の0をとった数になる。

百	十	一
4	2	0
	4	2	)10でわる

② 80

(　　　　　)

③ 600

(　　　　　)

23

4 次の数を10倍した数を書きましょう。 1つ3点【18点】

① 3   ② 54   ③ 720

　　（　　　　　）　　（　　　　　）　　（　　　　　）

④ 80   ⑤ 903   ⑥ 600

　　（　　　　　）　　（　　　　　）　　（　　　　　）

5 次の数を100倍，1000倍した数を書きましょう。 1つ3点【18点】

① 21   ② 800   ③ 308

　100倍　　　　　100倍　　　　　100倍
　（　　　　　）　（　　　　　）　（　　　　　）

　1000倍　　　　1000倍　　　　1000倍
　（　　　　　）　（　　　　　）　（　　　　　）

6 次の数を10でわった数を書きましょう。 1つ3点【18点】

① 40   ② 250   ③ 900

　　（　　　　　）　　（　　　　　）　　（　　　　　）

④ 170   ⑤ 2680   ⑥ 5030

　　（　　　　　）　　（　　　　　）　　（　　　　　）

7 何円になるかをもとめましょう。 1つ5点【10点】

① 1こ8円のあめを10こ買ったときの代金

　　　　　　　　　　　　　　　　　　（　　　　　）

② 10さつ分の代金が1700円だったノートの，
　 1さつ分のねだん

　　　　　　　　　　　　　　　　　　（　　　　　）

 0の数に注意した？

答え ▶ 81ページ

月　　　日　　10分

とく点

点

1 下の図を見て答えましょう。　　　　　　　　　1つ5点【15点】

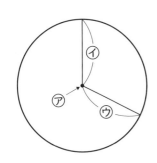

① ⑦，⑦をそれぞれ円の何といいますか。

⑦（　　　　　　　） ⑦（　　　　　　　）

② ⑦と⑦の直線の長さは，同じですか，ちがいますか。

（　　　　　　　）

・半径…円の中心から円のまわりまでひいた直線
・直径…中心を通って円のまわりからまわりまでひいた直線

2 下の図を見て答えましょう。　　　　　　　　　1つ6点【12点】

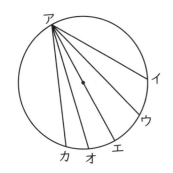

① いちばん長い直線はどれですか。

（　　　　　　　）

② いちばん長い直線を何といいますか。

（　　　　　　　）

3 □にあてはまる数を書きましょう。　　　　　　1つ6点【18点】

① 半径3cmの円の直径の長さは，　6　cmです。

直径の長さは，
半径の長さの
2倍だよ。

② 半径6cmの円の直径の長さは，□cmです。

③ 直径8cmの円の半径の長さは，□cmです。

4 □にあてはまることばや数を書きましょう。　　　　1つ5点【15点】

① 円の中心から円のまわりまでひいた直線を，□といいます。

② 円の中心を通り，円のまわりからまわりまでひいた直線を，

□といいます。

③ 円の直径の長さは，半径の□倍になっています。

5 □にあてはまる数を書きましょう。　　　　全部できて1つ7点【28点】

① 半径5cmの円の直径の長さは，□cmです。

② 半径3cm5mmの円の直径の長さは，□cmです。

③ 直径12cmの円の半径の長さは，□cmです。

④ 直径9cmの円の半径の長さは，□cm□mmです。

6 下の図を見て答えましょう。　　　　1つ6点【12点】

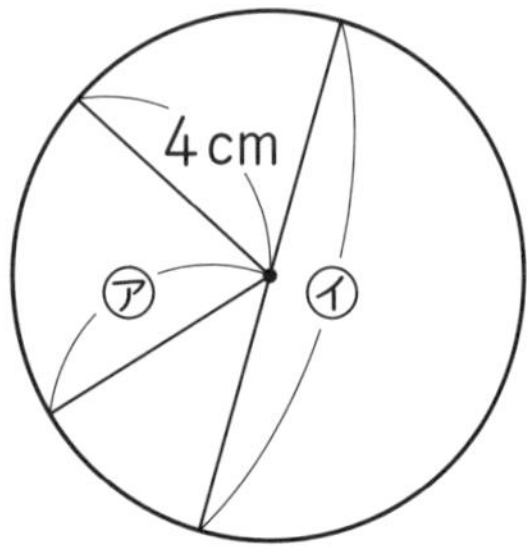

① ㋐の直線の長さは何cmですか。

（　　　　　）

② ㋑の直線の長さは何cmですか。

（　　　　　）

4cm　㋐　㋑

その調子，その調子！

1 コンパスを使って，次の円をかきましょう。　　1つ10点【20点】

① 半径が2cmの円

2cm
中心

② 半径が3cmの円

2 コンパスを使って，次の円を中心を同じにしてかきましょう。　1つ10点【30点】

① 直径が4cmの円

② 直径が6cmの円

③ 直径が7cmの円

中心

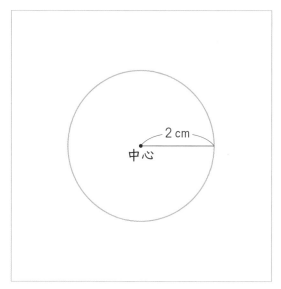

円をかくときは，コンパスを半径の長さに開くよ。

3 半径を2cmにして，次の図のようなもようをかきましょう。　【20点】

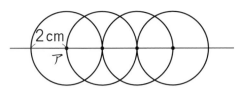

・
ア

4 コンパスを使って，下のもようをかきましょう。　1つ15点【30点】

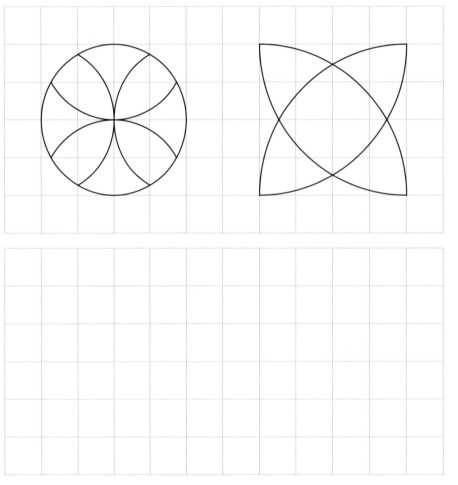

よくできたね！

答え ▶ 81ページ

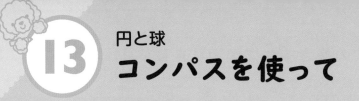

13 円と球
コンパスを使って

1 コンパスを使って，直線を次の長さずつに区切りましょう。

1つ8点【16点】

① 3cmずつに区切る。

3 cm

コンパスを
3cmに開いて
区切っていくよ。

② 2cm5mmずつに区切る。

2 下の赤い線と黒い線の長さをくらべます。

1つ9点【27点】

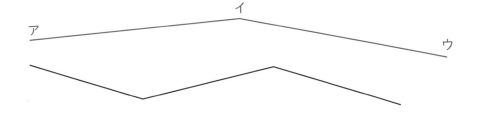

ア　　イ　　ウ

① コンパスを使って，赤い線と黒い線の長さを下の直線にうつしとりましょう。

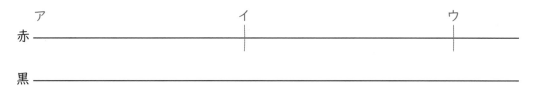

ア　　イ　　ウ
赤
黒

② 赤い線と黒い線は，どちらが長いですか。

(　　　　　　)

3 コンパスを使って，直線を次の長さずつに区切りましょう。1つ9点【18点】

① 5cmずつに区切る。

_____

② 2cm5mmずつに区切る。

_____

4 下の赤い線と黒い線の長さをくらべます。 1つ10点【30点】

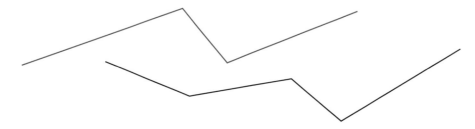

① コンパスを使って，赤い線と黒い線の長さを下の直線にうつしとりましょう。

赤 _____

黒 _____

② 赤い線と黒い線は，どちらが長いですか。

(   )

5 コンパスを使い，アの点から2cm
はなれている点を全部見つけ，記号で
答えましょう。 【全部できて9点】

・エ
・イ   ・ウ

・オ
・ア
・ク
・カ
・キ

(   )

今日もよくがんばったね！

答え ▶ 82ページ

14 円と球
球

1 下の図は，球を半分に切ったところです。□ にあてはまることば を書きましょう。

1つ5点【15点】

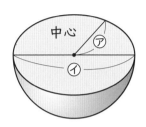

① 球を切った切り口の形は， □ です。

② ㋐を球の □ といいます。

③ ㋑を球の □ といいます。

2 □ にあてはまる数を書きましょう。

1つ5点【15点】

① 半径4cmの球の直径の長さは， 8 cmです。

② 半径10cmの球の直径の長さは， □ cmです。

③ 直径6cmの球の半径の長さは， □ cmです。

球の直径の長さは，半径の長さの2倍だよ。

3 右の図のように，直径6cmの2このボールが，箱にきちんと入って います。

1つ6点【12点】

① 箱の横の長さは何cmですか。

(6cm)

② 箱のたての長さは何cmですか。

( )

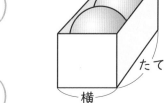

4 □ にあてはまる数を書きましょう。

全部できて1つ6点【24点】

① 半径8cmの球の直径の長さは， □ cmです。

② 半径4cm5mmの球の直径の長さは， □ cmです。

③ 直径14cmの球の半径の長さは， □ cmです。

④ 直径7cmの球の半径の長さは， □ cm □ mmです。

5 どちらの球が大きいですか。記号で答えましょう。　　1つ6点【12点】

① ⑦ 半径7cmの球　　　② ⑦ 直径19cmの球
　 ⑦ 直径15cmの球　　　　 ⑦ 半径10cmの球

（　　　　　）　　　　　　　　　（　　　　　）

6 右の図のように，2このボールがつつにきちんと入っています。ボールの直径は何cmですか。　【10点】

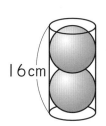

16cm

（　　　　　）

7 右の図のように，6このボールが箱にきちんと入っています。この箱のたての長さは何cmですか。　【12点】

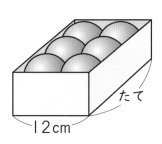

たて

12cm

（　　　　　）

円と球が，わかったね。

答え ▶ 82ページ

1 水のかさは，それぞれ何Lですか。　　　　　1つ5点【30点】

①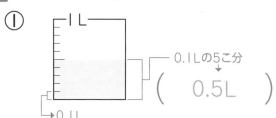
0.1Lの5こ分
→0.1L
(0.5L)

②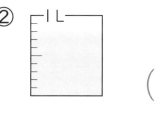
( )

③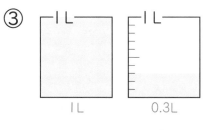
1L　　0.3L
(1.3L)

④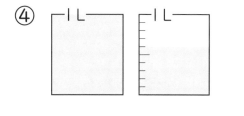
( )

⑤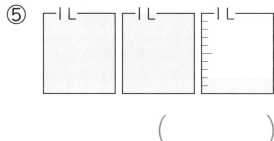
( )

⑥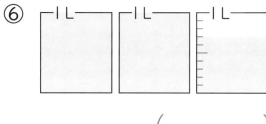
( )

2 ものさしの左はしから，㋐，㋑，㋒までの長さは，それぞれ何cmですか。　　　　　1つ4点【12点】

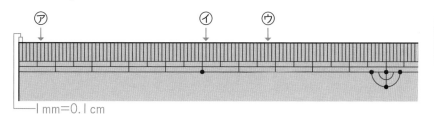
1mm=0.1cm

㋐は，0.1
の6こ分だね。

㋐ (0.6cm)　　㋑ ( )　　㋒ ( )

3 水のかさは，それぞれ何Lですか。 　　　　　　　　　　1つ6点【24点】

①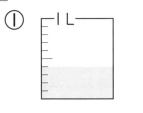

（　　　　　　　）

②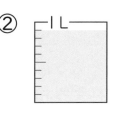

（　　　　　　　）

③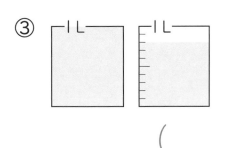

（　　　　　　　）

④

（　　　　　　　）

4 ものさしの左はしから，㋐，㋑，㋒，㋓までの長さは，それぞれ何cm
ですか。 　　　　　　　　　　1つ6点【24点】

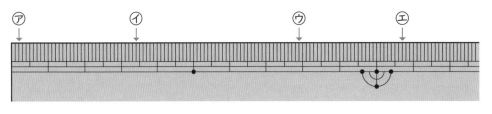

㋐（　　　　　　）　㋑（　　　　　　）

㋒（　　　　　　）　㋓（　　　　　　）

5 次の数を，整数と小数に分けて，記号で答えましょう。　1つ5点【10点】

㋐　0.1　　　㋑　1　　　㋒　2.6　　　㋓　10　　　㋔　12.9

整数（　　　　　　　　　　）　小数（　　　　　　　　　　）

見直しした？

答え ▶ 82ページ

小数のしくみ

1 下の数直線で，⑦，⑦，⑦のめもりが表す数を書きましょう。

1つ4点【12点】

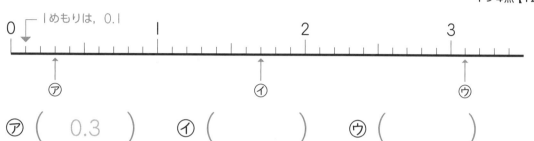

⑦ （　0.3　）　　⑦ （　　　　）　　⑦ （　　　　）

2 次の数と数字を答えましょう。

① 1を2こと，0.1を6こあわせた数

1つ5点【15点】

1が　2こ →2
0.1が 6こ →0.6
あわせて　→2.6だね。

（　2.6　）

② 1を10こと，0.1を2こあわせた数

（　　　　）

③ 36.8の小数第一位の数字

十の位	一の位	小数第一位
3	6	8

（　　　　）

3 □にあてはまる数を書きましょう。

1つ5点【10点】

① 0.1を15こ集めた数は，　1.5　です。

0.1をもとにすると，
0.1が10こ→1
0.1が 5 こ→0.5
0.1が15こ→1.5

② 2.4は0.1を　　　　こ集めた数です。

35

4 下の数直線で，㋐，㋑，㋒のめもりが表す数を書きましょう。

1つ5点【15点】

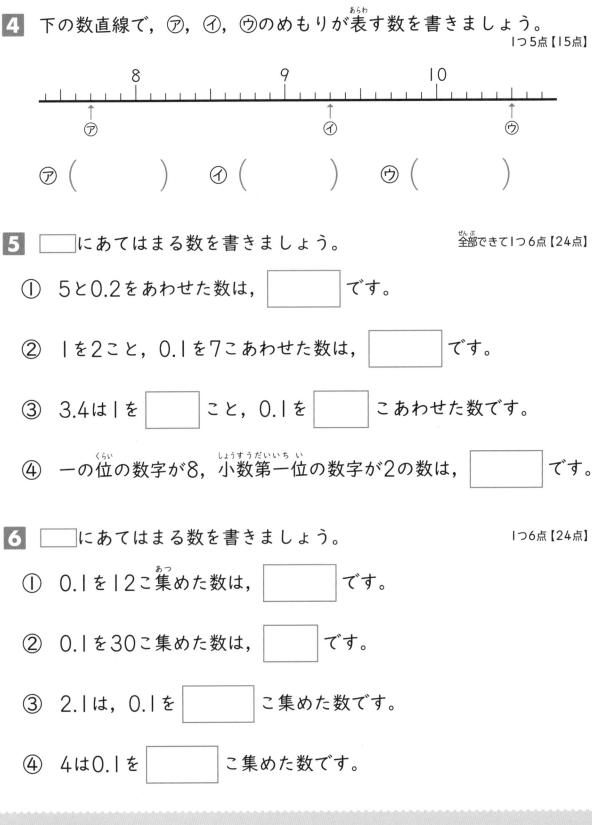

㋐（　　　　　）　　㋑（　　　　　）　　㋒（　　　　　）

5 □にあてはまる数を書きましょう。

全部できて1つ6点【24点】

① 5と0.2をあわせた数は，□ です。

② 1を2こと，0.1を7こあわせた数は，□ です。

③ 3.4は1を□こと，0.1を□こあわせた数です。

④ 一の位の数字が8，小数第一位の数字が2の数は，□ です。

6 □にあてはまる数を書きましょう。

1つ6点【24点】

① 0.1を12こ集めた数は，□ です。

② 0.1を30こ集めた数は，□ です。

③ 2.1は，0.1を□こ集めた数です。

④ 4は0.1を□こ集めた数です。

おうえんしてるからね！

答え ▶ 82ページ

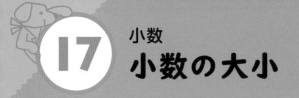

17 小数
小数の大小

月　日　10分
とく点

点

1 下の数直線を見て，答えましょう。　　　　　　　　1つ4点【20点】

① 次の⑦～①の数を数直線上に表しましょう。
　⑦ 1.2　　④ 0.8　　⑰ 1.7　　① 2.8
② ⑦～①の数を，大きいじゅんに記号で書きましょう。

（　　，　　，　　，　　）

2 □にあてはまる不等号を書きましょう。　　　　　　1つ3点【18点】

① 0.8 > 0.6
　↑0.1が8こ　↑0.1が6こ

② 1.2 □ 1.7
　↑0.1が12こ　↑0.1が17こ

0.1の何こ分かで
考えよう。

③ 1.5 □ 0.9

④ 2.4 □ 2.8

⑤ 2.7 □ 3

⑥ 2 □ 2.1

3 次の数の大小を，不等号を使って表しましょう。　1つ3点【6点】

① 1.6, 1.8

② 1, 0.8

（　1.6 < 1.8　）　　　　　　（　　　　　）

4 下の数直線を見て，答えましょう。 1つ4点【16点】

```
0         1              2              3
├┬┬┬┬┬┬┬┬┬┼┬┬┬┬┬┬┬┬┬┼┬┬┬┬┬┬┬┬┬┼┬┬┬
```

① 次の⑦〜⑨の数を数直線に表しましょう。

　　⑦　1.2より0.4大きい数　　　　⑦　2.7より0.3大きい数

　　⑨　3より0.2小さい数

② ⑦〜⑨の数を，大きいじゅんに記号で書きましょう。

　　　　　　　　　　　　　　　　（　　　，　　　，　　　）

5 □にあてはまる不等号を書きましょう。 1つ4点【24点】

① 0 □ 0.2　　　　　　② 0.7 □ 0.5

③ 1.1 □ 0.9　　　　　④ 3.7 □ 3.9

⑤ 2.9 □ 3　　　　　　⑥ 6.1 □ 6

6 次の数の大小を，不等号を使って表しましょう。 1つ4点【8点】

① 1, 1.1　　　　　　② 6.9, 6.6

　　　（　　　　　　　）　　　　（　　　　　　　）

7 いちばん大きい数を書きましょう。 1つ4点【8点】

① (0.6, 1, 1.1)　　　② (4.6, 3.9, 4.2)

　　　（　　　　　）　　　　　　（　　　　　）

小数がバッチリできたね！

答え ▶ 83ページ

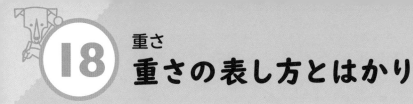

18 重さ
重さの表し方とはかり

1 次のはかりで，はりがさしている重さは何gですか。　1つ7点【14点】

①

（　　340g　　）

②

（　　　　　）

1は，1kg（1000g）まではかれるはかり。いちばん小さい1めもりは5g，その次に小さい1めもりは10gを表している。

2 次のはかりで，はりがさしている重さはどれだけですか。　1つ7点【14点】

①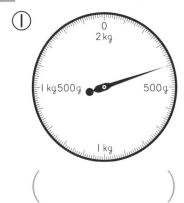

（　　　　　）

②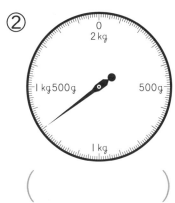

（　　　　　）

2は，2kgまではかれるはかり。いちばん小さい1めもりは10gを表している。

1kgより300g重いところをさしてるね。

3 次のはかりで，はりがさしている重さは何kg何gですか。　1つ7点【14点】

①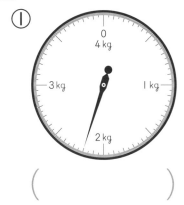

（　　　　　）

②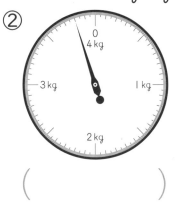

（　　　　　）

3は，4kgまではかれるはかり。いちばん小さい1めもりは10gを表している。

4 次のはかりで，はりがさしている重さはどれだけですか。 1つ7点【42点】

①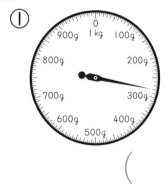

(　　　　　　　)

②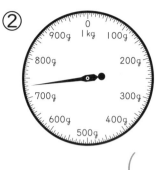

(　　　　　　　)

③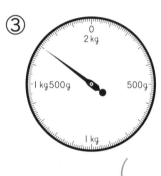

(　　　　　　　)

④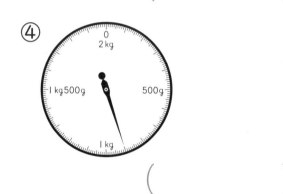

(　　　　　　　)

⑤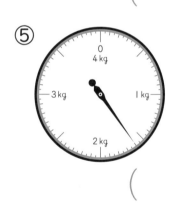

(　　　　　　　)

⑥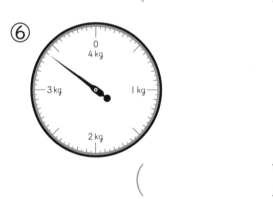

(　　　　　　　)

5 次のはかりで，はりがさしている重さはどれだけですか。 1つ8点【16点】

①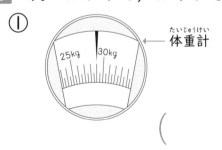

(　　　　　　　)

②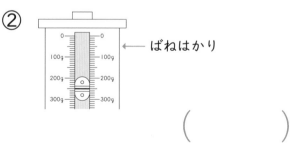

(　　　　　　　)

今日もよくがんばったね！

答え ▶ 83ページ

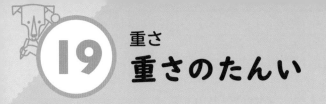

19 重さ
重さのたんい

とく点

点

1 □にあてはまる数を書きましょう。　　　1つ3点【21点】

① 2kg = □ g

・1kg=1000g
・1t=1000kg

② 4000g = □ kg

③ 1kg300g = 1300 g

1000g(1kg)と300gをあわせた重さ。

④ 5kg800g = □ g

⑤ 2450g = □ kg □ g

⑥ 2t = □ kg

⑦ 5000kg = □ t

2 あわせた重さは何kg何gですか。　　　1つ4点【8点】

① 500gと900g

② 1kg300gと400g

(1kg400g)

( )

3 重いほうを◯でかこみましょう。　　　1つ3点【21点】

1kgを1000gと
考えよう。

① (950g, 1kg)

② (2300g, 2kg)

③ (1kg700g, 1kg500g)

④ (3kg100g, 3300g)

⑤ (1kg80g, 1700g)

⑥ (4070g, 4kg600g)

⑦ (1030g, 1kg20g)

4 □にあてはまる数を書きましょう。　　　　　　1つ3点【18点】

① 5kg = ［　　　］g　　　　② 2kg900g = ［　　　］g

③ 3kg70g = ［　　　］g　　　④ 3000g = ［　　　］kg

⑤ 4180g = ［　　］kg［　　］g　　⑥ 6t = ［　　　］kg

5 □にあてはまる重さのたんいを書きましょう。　　　1つ4点【12点】

① パンダの体重…………………120 ［　　　］

② トラックの重さ …………………5 ［　　　］

③ 500円玉1この重さ ……………7 ［　　　］

6 あわせた重さは何kg何gですか。　　　　　　　1つ4点【8点】

① 700gと600g　　　　　② 200gと1kg700g

（　　　　　　　）　　　　　　　　（　　　　　　　）

7 次の⑦〜⑤の重さについて，記号で答えましょう。　　1つ6点【12点】

⑦ 4kg300g　　⑦ 5kg　　　　⑨ 3900g　　　⑤ 4kg50g

① 重いじゅんにならべましょう。

（　　　，　　　，　　　，　　　）

② 4kgにいちばん近いのはどれですか。

（　　　　　　　）

よくできたね！

答え ▶ 83ページ

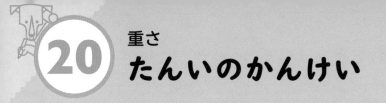

たんいのかんけい

1 次のたんいを，長さ，かさ，重さをそれぞれ表すものに分けて書きましょう。　　　　　　　　　　　　　　　　　1つ4点【12点】

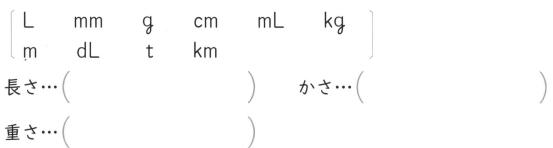

| L | mm | g | cm | mL | kg |
| m | dL | t | km |

長さ…（　　　　　　　　　　）　　かさ…（　　　　　　　　　　　　）

重さ…（　　　　　　　　　　）

2 □にあてはまる数を書きましょう。　　　　　　　1つ3点【18点】

① 10mm = □ cm　　　　② 100cm = □ m

③ 1000mm = | m　　　　④ 1000mL = □ L

⑤ 1km = □ m

⑥ 1kg = □ g

1kmや1kgは，
mやgにkがついて
いるね。

3 たんいのかんけいについて，次の□にあてはまる数を書きましょう。　　　　　　　　　　　　　　　　　　　　1つ5点【10点】

① 1mmや1mLのように，m（ミリ）がつくものを □ こ集めると，1mや1Lになります。

② 1kmや1kgのように，k（キロ）がつくものは，1mや1gを □ こ集めたたんいです。

4 次の㋐〜㋘にあてはまる数を書きましょう。

全部できて1つ8点【24点】

① 長さ

㋐ [　　　] 倍　㋑ [　　　] 倍　㋒ [　　　] 倍

1mm → 1cm → 1m → 1km

㋓ [　　　] 倍

1000倍

② かさ

㋔ [　　　] 倍　㋕ [　　　] 倍

1mL → 1dL → 1L

㋖ [　　　] 倍

③ 重さ

㋗ [　　　] 倍　㋘ [　　　] 倍

1g → 1kg → 1t

きまりが
ありそうだね。

5 [　] にあてはまるたんいを書きましょう。

1つ4点【16点】

① 4cmの100倍は4 [　]

② 9mmの1000倍は9 [　]

③ 2mLの1000倍は2 [　]

④ 15gの1000倍は15 [　]

6 次の㋐と㋑が100倍のかんけいには○を，1000倍のかんけいに
は△をかきましょう。

1つ5点【20点】

① ㋐ 1g ㋑ 100g　　　② ㋐ 1m ㋑ 1km

（　　）　　　　　　　　　　（　　）

③ ㋐ 1m ㋑ 1cm　　　④ ㋐ 1L ㋑ 1mL

（　　）　　　　　　　　　　（　　）

重さとたんいについて，わかったね！
次はパズルだよ。

答え ▶ 84ページ

21 算数パズル ［道を通って］

1 下の絵のような，四角形を組み合わせた道があります。★から歩き出して，一筆がきのように同じ道を2回通らずに，全部の道を通って，また★にもどってくることができるかな？

・一筆がき…線からえん筆をはなさずに，同じ線を1回しか通らないで形をかくことを，「一筆がき」といいます。

2 ㊤の絵のコースで，マラソン大会をしています。㊦の絵も同じコースですが，㊤の絵と同じ地点の道のりがまちがっているところが2か所あります。それはどこかな？

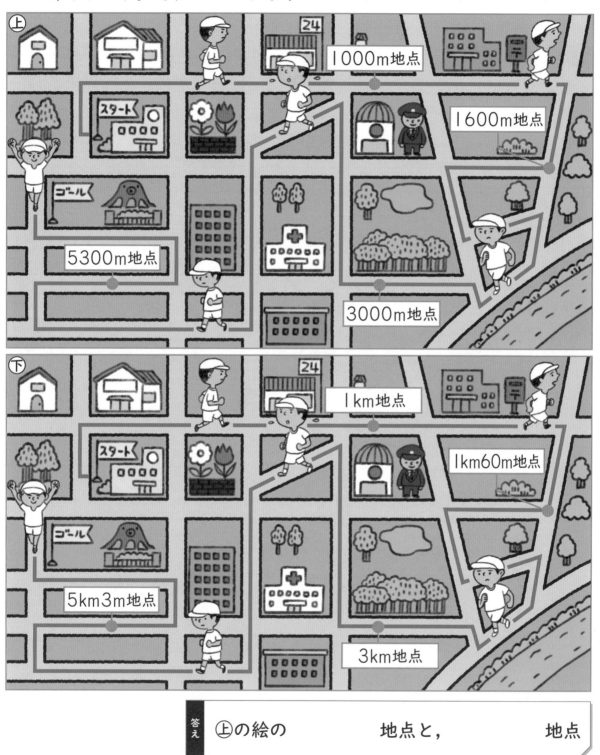

㊤

1000m地点

1600m地点

5300m地点

3000m地点

㊦

1km地点

1km60m地点

5km3m地点

3km地点

答え	㊤の絵の ___ 地点と， ___ 地点

答え ▶ 84ページ

分けた大きさの表し方

1 色をぬった長さを，分数で答えましょう。

1つ5点【15点】

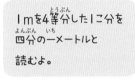

1mを4等分した1こ分を
四分の一メートルと
読むよ。

①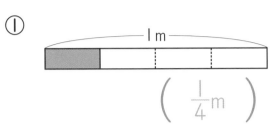

$$\left(\frac{1}{4}\text{m} \right)$$

②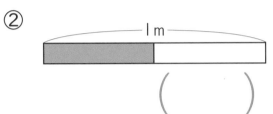

$$(\qquad)$$

③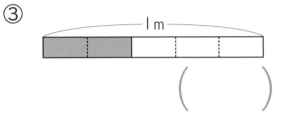

$$(\qquad)$$

2 次の水のかさを，分数で答えましょう。

1つ5点【10点】

①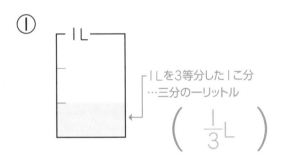

1Lを3等分した1こ分
…三分の一リットル

$$\left(\frac{1}{3}\text{L} \right)$$

②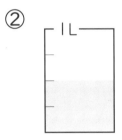

$$(\qquad)$$

3 □にあてはまる分数を書きましょう。

1つ7点【14点】

① 1Lの水を9等分した

5こ分のかさは，□Lです。

② 分母が7で，分子が

5の分数は□です。

$\frac{1}{2}$や$\frac{3}{4}$のような数を**分数**といい，
2や4を**分母**，1や3を**分子**と
いいます。

$$\frac{1}{2}\cdots\text{分子}\cdots\frac{3}{4}$$
$$\phantom{\frac{1}{2}}\cdots\text{分母}$$

4 色をぬった長さを，分数で答えましょう。　　　　　　1つ5点【20点】

①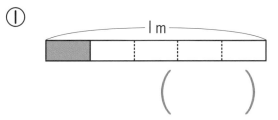

（　　　　　）

②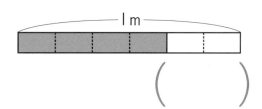

（　　　　　）

③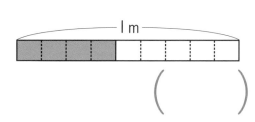

（　　　　　）

④

（　　　　　）

5 次の水のかさを，分数で答えましょう。　　　　　　1つ5点【20点】

①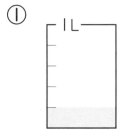

（　　　　　）

②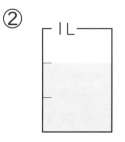

（　　　　　）

③

（　　　　　）

④

（　　　　　）

6 □にあてはまる数を書きましょう。　　　　全部できて1つ7点【21点】

① 1mのテープを5等分した3こ分の長さは，□ mです。

② $\frac{6}{7}$ L は，□ L を □ 等分した □ こ分のかさです。

③ 分母が10で，分子が3の分数は，□ です。

半分をこえたよ。のこりもがんばろう！

答え ▶ 84ページ

月　日　**10**分

とく点

点

1 下の数直線を見て答えましょう。　　　　　　　1つ4点【16点】

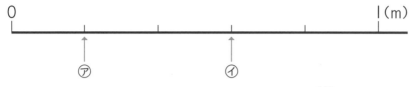

0　　　　　　　　　　　　　　　　　　　　1(m)

⑦　　　　　　　⑦

① ⑦, ⑦のめもりは, それぞれ何mを表していますか。

⑦は1mを5等分した1こ分だね。

⑦ $\left(\dfrac{1}{5}m \right)$ ⑦ $\left(\right)$

② $\dfrac{1}{5}$mの4こ分の長さは, 何mですか。　　　$\left(\right)$

③ 1mは, $\dfrac{1}{5}$mの何こ分ですか。　　　$\left(\right)$

2 □にあてはまる数を書きましょう。　　　　　　1つ6点【18点】

① $\dfrac{1}{7}$を5こ集めた数は, □ です。

② $\dfrac{4}{9}$は, $\dfrac{1}{9}$を □ こ集めた数です。

③ $\dfrac{1}{8}$を □ こ集めると, 1になります。

3 □にあてはまる不等号を書きましょう。　　　　1つ5点【10点】

① $\dfrac{3}{8}$ □ $\dfrac{5}{8}$

$\dfrac{1}{8}$の3こ分　$\dfrac{1}{8}$の5こ分

② 1 □ $\dfrac{8}{9}$

$\dfrac{9}{9}$と等しい。

4 次の数直線で，⑦〜⊆のめもりの長さやかさを答えましょう。

1つ4点【16点】

①
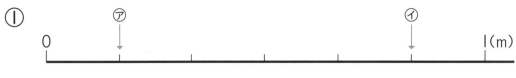

⑦ （　　　　　） ⊘ （　　　　　）

②
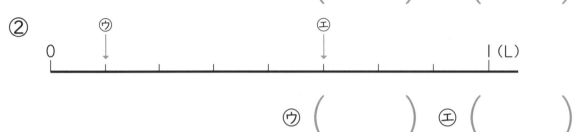

⑦ （　　　　　） ⊆ （　　　　　）

5 □にあてはまる数を書きましょう。

1つ5点【20点】

① $\dfrac{1}{4}$を3こ集めた数は，□ です。

② $\dfrac{7}{10}$は，$\dfrac{1}{10}$を□ こ集めた数です。

③ $\dfrac{1}{3}$を□ こ集めると，1になります。

④ 1は，$\dfrac{1}{10}$を□ こ集めた数です。

6 □にあてはまる，等号，不等号を書きましょう。

1つ5点【20点】

① $\dfrac{3}{5}$ □ $\dfrac{4}{5}$　　　　② $\dfrac{9}{10}$ □ $\dfrac{7}{10}$

③ $\dfrac{7}{8}$ □ 1　　　　　④ 1 □ $\dfrac{6}{6}$

今日もよくがんばったね！

答え ▶ 84ページ

24 分数
1より大きい分数のしくみ

1 下の数直線を見て答えましょう。　　　　　　　　1つ4点【24点】

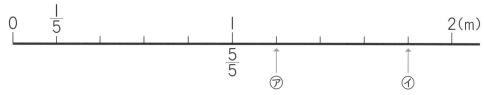

① ⑦，⑦のめもりの長さは，それぞれ$\frac{1}{5}$mの何こ分ですか。

⑦（　　　　　　）　⑦（　　　　　　）

② ⑦，⑦のめもりは，それぞれ何mですか。

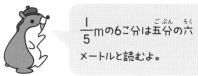
$\frac{1}{5}$mの6こ分は五分の六メートルと読むよ。

⑦（　$\frac{6}{5}$m　）　⑦（　　　　　　）

③ 2mについて，次の□にあてはまる数を書きましょう。

2mは，$\frac{1}{5}$mの □ こ分で，分数では$\frac{□}{5}$mと表せます。

2 □にあてはまる数を書きましょう。　　　　　　　　1つ4点【16点】

① $\frac{1}{7}$を8こ集めた数は，□ です。

② $\frac{9}{6}$は，$\frac{1}{6}$を □ こ集めた数です。

③ $\frac{1}{3}$を6こ集めた数は，分数では□ ，整数では□ です。

3 □にあてはまる不等号を書きましょう。　　　　　　1つ4点【8点】

① $\frac{5}{4}$ □ $\frac{7}{4}$ ←$\frac{1}{4}$の5こ分と7こ分　　　② 1 □ $\frac{2}{3}$

4 次の数直線で，㋐～㋓のめもりが表す長さやかさを，分数で答えましょう。

1つ5点【20点】

①

㋐ (　　　) 　㋑ (　　　)

②

㋒ (　　　) 　㋓ (　　　)

5 次の分数の中で，1より大きい分数を2つ見つけて，記号で答えましょう。

1つ4点【8点】

㋐ $\dfrac{4}{5}$ 　㋑ $\dfrac{4}{3}$ 　㋒ $\dfrac{9}{8}$ 　㋓ $\dfrac{6}{7}$ 　　(　　　, 　　　)

6 □にあてはまる数を書きましょう。

1つ4点【8点】

① $\dfrac{1}{3}$を5こ集めた数は，□です。

② 2は，$\dfrac{1}{7}$を□こ集めた数です。

7 □にあてはまる，等号，不等号を書きましょう。

1つ4点【16点】

① $\dfrac{9}{7}$ □ $\dfrac{8}{7}$ 　　② $\dfrac{10}{8}$ □ $\dfrac{13}{8}$

③ $\dfrac{11}{10}$ □ 1 　　④ 2 □ $\dfrac{4}{2}$

 見直しした？

答え ▶ 85ページ

分数と小数

1 下の数直線を見て答えましょう。　　　　　　　　　1つ2点【16点】

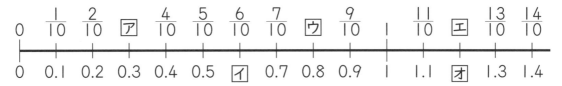

① $\dfrac{1}{10}$ と大きさの等しい小数はいくつですか。

（　　　　　）

② 次の□にあてはまる数を書きましょう。

$\dfrac{4}{10}$ は $\dfrac{1}{10}$ の □ こ分，0.4は0.1の □ こ分なので，$\dfrac{4}{10}$ と0.4

は等しい大きさです。

③ 数直線のア～オにあてはまる数を書きましょう。

ア（　　　　　）　イ（　　　　　）　ウ（　　　　　）

エ（　　　　　）　オ（　　　　　）

2 次のそれぞれの数について，小数は分母が10で等しい大きさの分
数を，分数は等しい大きさの小数を書きましょう。　　　1つ3点【18点】

① 0.5　　　　　　② 0.9　　　　　　③ 1.3

（　　　　　）　　（　　　　　）　　（　　　　　）

④ $\dfrac{2}{10}$　　　　　⑤ $\dfrac{7}{10}$　　　　　⑥ $\dfrac{14}{10}$

（　　　　　）　　（　　　　　）　　（　　　　　）

3 下の数直線で，⑦～⑦のめもりが表す数を，分数と小数で答えましょう。

1つ3点【18点】

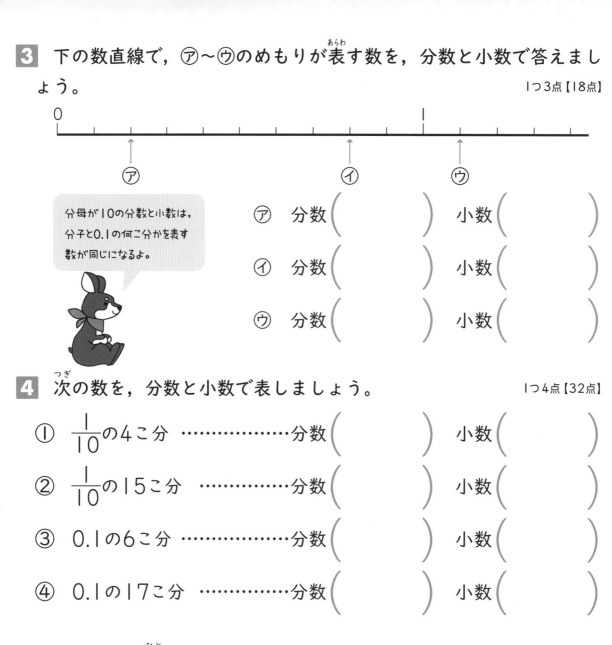

分母が10の分数と小数は，分子と0.1の何こ分かを表す数が同じになるよ。

⑦　分数（　　　　）　小数（　　　　）

⑦　分数（　　　　）　小数（　　　　）

⑦　分数（　　　　）　小数（　　　　）

4 次の数を，分数と小数で表しましょう。

1つ4点【32点】

① $\frac{1}{10}$の4こ分 …………………分数（　　　）　小数（　　　）

② $\frac{1}{10}$の15こ分 …………………分数（　　　）　小数（　　　）

③ 0.1の6こ分 …………………分数（　　　）　小数（　　　）

④ 0.1の17こ分 …………………分数（　　　）　小数（　　　）

5 次の小数は等しい大きさの分数を，分数は等しい大きさの小数を書きましょう。

1つ4点【16点】

① 0.3　　　② 0.7　　　③ $\frac{9}{10}$　　　④ $\frac{16}{10}$

（　　　）　　（　　　）　　（　　　）　　（　　　）

分数と小数のかんけいがわかった？

答え ▶ 85ページ

26 分数と小数の大小

1 □にあてはまる，等号，不等号を書きましょう。　　1つ3点【24点】

大きさをくらべるには，分数か小数のどちらかにそろえてくらべよう。

① 0.3 $\boxed{<}$ $\frac{4}{10}$
　　↑ $\frac{3}{10}$　　　↑ 0.4

② $\frac{2}{10}$ $\boxed{\phantom{<}}$ 0.1

③ $\frac{5}{10}$ $\boxed{\phantom{<}}$ 0.5

④ 0.7 $\boxed{\phantom{<}}$ $\frac{6}{10}$

⑤ 0.9 $\boxed{\phantom{<}}$ $\frac{10}{10}$

⑥ $\frac{7}{10}$ $\boxed{\phantom{<}}$ 0.8

⑦ 1.2 $\boxed{\phantom{<}}$ $\frac{3}{10}$

⑧ $\frac{13}{10}$ $\boxed{\phantom{<}}$ 0.9

2 次の数の大小を，等号，不等号を使って表しましょう。　　1つ5点【20点】

① 0.4, $\frac{6}{10}$

$$\left(\quad 0.4 < \frac{6}{10} \quad \right)$$

② $\frac{8}{10}$, 0.5

$$(\qquad\qquad)$$

③ 1.4, $\frac{7}{10}$

$$(\qquad\qquad)$$

④ 1.1, $\frac{11}{10}$

$$(\qquad\qquad)$$

3 いちばん大きい数を書きましょう。　　【6点】

$$\left(0.6, \ \frac{13}{10}, \ 1.2, \ \frac{9}{10} \right) \qquad (\qquad\qquad)$$

4 □にあてはまる，等号，不等号を書きましょう。　　1つ3点【30点】

① $0.1 \ \square \ \dfrac{1}{10}$

② $0.5 \ \square \ \dfrac{6}{10}$

③ $\dfrac{9}{10} \ \square \ 0.6$

④ $\dfrac{7}{10} \ \square \ 0.9$

⑤ $0.4 \ \square \ \dfrac{10}{10}$

⑥ $\dfrac{8}{10} \ \square \ 0.8$

⑦ $1.1 \ \square \ \dfrac{2}{10}$

⑧ $0.7 \ \square \ \dfrac{14}{10}$

⑨ $\dfrac{13}{10} \ \square \ 1.5$

⑩ $1.2 \ \square \ \dfrac{10}{10}$

5 次の数の大小を，等号，不等号を使って表しましょう。　1つ5点【10点】

① $\dfrac{5}{10}, \ 0.1$

② $1.2, \ \dfrac{12}{10}$

(　　　　　　　)

(　　　　　　　)

6 いちばん大きい数を書きましょう。　　1つ5点【10点】

① $\left(0.8, \ \dfrac{4}{10}, \ 0.5, \ \dfrac{9}{10} \right)$

② $\left(\dfrac{10}{10}, \ 0.7, \ \dfrac{8}{10}, \ 1.1 \right)$

(　　　　　　)

(　　　　　　)

分数のしくみが，わかったかな。

答え ▶ 85ページ

正三角形と二等辺三角形

1 次の①〜⑤は，それぞれ何という三角形ですか。　1つ6点【30点】

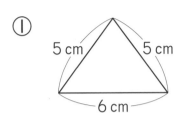

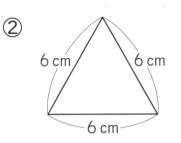

・二等辺三角形…2つの辺の長さが等しい三角形。
・正三角形…3つの辺の長さが等しい三角形。

（　二等辺三角形　）　（　　　　　　　　　）

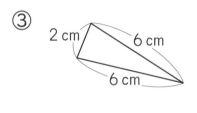

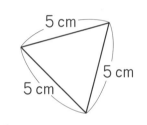

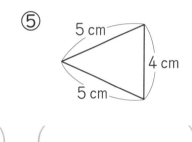

（　　　　　　　）　（　　　　　　　）　（　　　　　　　）

2 下の三角形の中から，二等辺三角形と正三角形を全部さがし，記号で答えましょう。　全部できて1つ10点【20点】

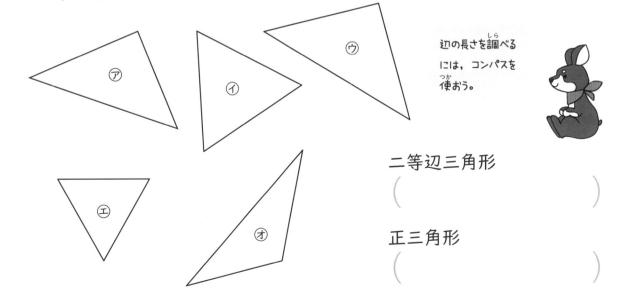

辺の長さを調べるには，コンパスを使おう。

二等辺三角形

（　　　　　　　）

正三角形

（　　　　　　　）

3 下の三角形の中から，二等辺三角形と正三角形を全部さがし，記号で答えましょう。

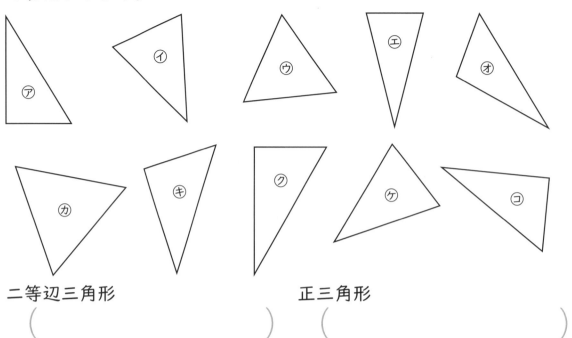

二等辺三角形　　　　　　　　　正三角形

（　　　　　　　　　　　　）　（　　　　　　　　　　　　　　）

4 正方形の紙を，次のように点線のところで切ると，何という三角形ができますか。

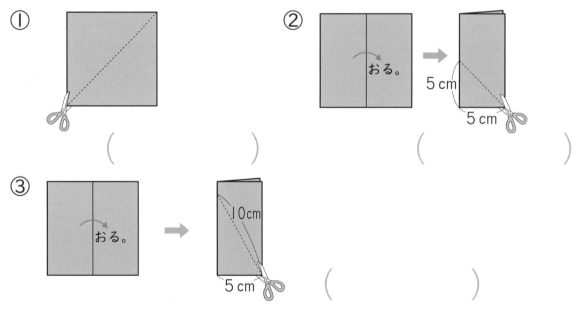

① （　　　　　　　　　　）　② （　　　　　　　　　　　）

③ （　　　　　　　　　　　）

よくできたね！

答え ▶ 85ページ

三角形のかき方

1 次の三角形をかきましょう。

1つ9点【45点】

① 辺の長さが，4cm，3cm，3cmの二等辺三角形

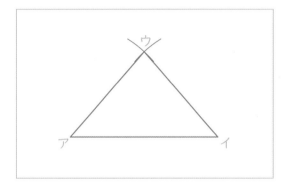

【①の三角形のかき方】
❶ 4cmの直線アイをひく。
❷ アを中心に，半径3cmの円の一部をかく。
❸ イを中心に，半径3cmの円の一部をかく。
❹ ❷と❸が交わった点をウとする。
❺ アウ，イウを直線でむすぶ。

二等辺三角形と正三角形は，同じようにしてかけるよ。

② 辺の長さが，2cm，3cm，3cmの二等辺三角形

③ 辺の長さが，3cm，4cm，4cmの二等辺三角形

④ 1辺の長さが，2cmの正三角形

⑤ 1辺の長さが，3cmの正三角形

59

2 次の三角形をかきましょう。

①から⑤1つ9点, ⑥10点【55点】

① 辺の長さが, 2cm, 4cm, 4cmの二等辺三角形

② 辺の長さが, 4cm, 5cm, 4cmの二等辺三角形

③ 辺の長さが, 3cm, 3cm, 5cmの二等辺三角形

④ 1辺の長さが, 3cm5mm の正三角形

⑤ 1辺の長さが, 4cmの 正三角形

⑥ 1辺の長さが, 4cm5mm の正三角形

三角形がうまくかけるようになったね！

答え ▶ 86ページ

1 次の⏧〜⏦の角の大きさについて，記号で答えましょう。

1つ8点【16点】

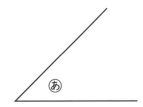

① 角の大きさがいちばん大きいのはどれか。　（　　　）
　└ 辺の開きぐあいがいちばん大きいもの

② 角の大きさがいちばん小さいのはどれか。　（　　　）

2 下の㋐，㋑の三角形について答えましょう。

1つ8点【32点】

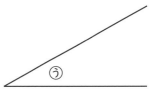

① ㋐，㋑は，それぞれ何という三角形ですか。

　㋐　（　　　）

　㋑　（　　　）

二等辺三角形では，2つの角の大きさが等しい。
正三角形では，3つの角の大きさが等しい。

② ㋐の三角形で，⏞の角と大きさが等しい角はどれですか。

　　　　　　　（　　　）

③ ㋑の三角形で，⏠の角と大きさが等しい角はどれですか。全部答えましょう。

　　　　　　　（　　　）

61

3 次の⑤〜⑦の角を，大きいじゅんに記号で答えましょう。　【10点】

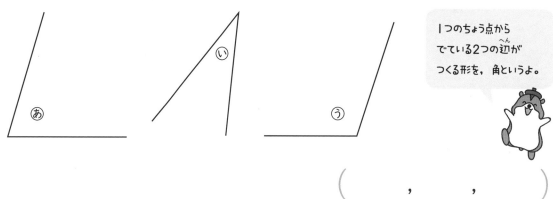

1つのちょう点からでている2つの辺がつくる形を，角というよ。

（　　　，　　　，　　　）

4 下の⑦，⑦の三角形について答えましょう。　1つ8点【24点】

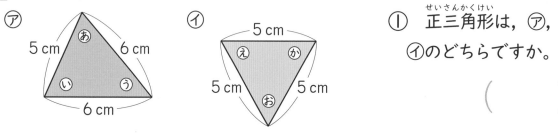

① 正三角形は，⑦，⑦のどちらですか。

（　　　　　　　　）

② ⑤の角と大きさが等しい角はどれですか。　（　　　　　　　　）

③ ⑥の角と大きさが等しい角はどれですか。全部答えましょう。

（　　　　　　　　）

5 半径が5cmの円の中に，⑦，⑦の三角形をかきました。　1つ9点【18点】

① ⑦は何という三角形ですか。

（　　　　　　　　）

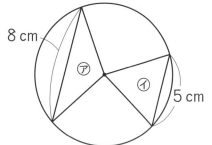

② 3つの角の大きさが等しいのは，どちらの三角形ですか。

（　　　　　　　　）

アプリは使ってみたかな？

答え ▶ 86ページ

30 三角形
三角じょうぎ

1 下の図は，1組の三角じょうぎを表したものです。 1つ7点【42点】

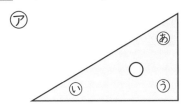
⑦

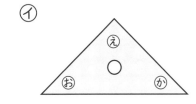
⑦

三角じょうぎを使って
考えよう。

① 直角の角は，それぞれどれですか。

⑦ （　　　　　） ⑦ （　　　　　）

② いちばん小さい角はどれですか。

（　　　　　）

③ あの角とおの角では，どちらが大きいですか。

（　　　　　）

④ かの角と大きさが等しい角はどれですか。

（　　　　　）

⑤ 二等辺三角形は，⑦，⑦のどちらですか。

（　　　　　）

2 三角じょうぎを右の図のように ならべると，何という三 角形ができますか。 【8点】

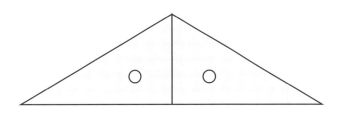

（　　　　　）

3 三角じょうぎを下の図のようにならべて，三角形をつくりました。

1つ8点【32点】

㋐

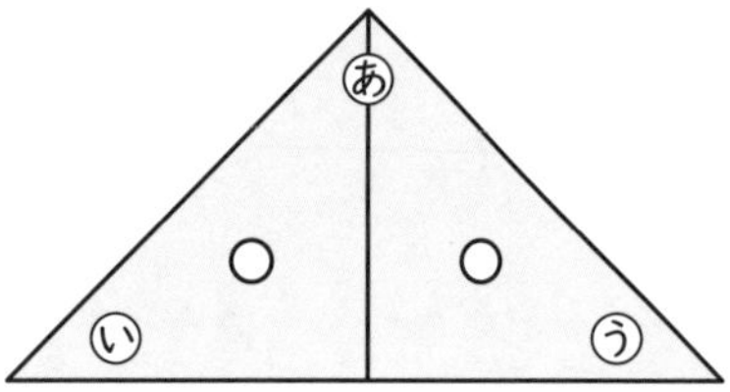

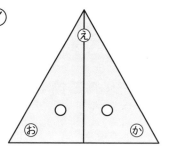

① ㋑の角と大きさが等しい角はどれですか。

(　　　　　　　　　　)

② ㋔の角と大きさが等しい角はどれですか。全部答えましょう。

(　　　　　　　　　　)

③ ㋐，㋑はそれぞれ，何という三角形ができましたか。

㋐ (　　　　　　) ㋑ (　　　　　　)

4 次の㋐～㋔の中で，①，②の三角じょうぎを使ってつくれる形を全部えらんで，記号で答えましょう。

全部できて1つ9点【18点】

㋐ 長方形　　㋑ 正方形　　㋒ 直角三角形
㋓ 正三角形　㋔ 二等辺三角形

①

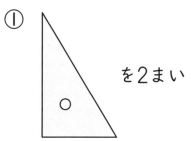

を2まい

(　　　　　　　　　　)

②

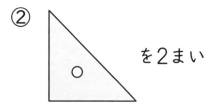

を2まい

(　　　　　　　　　　)

三角形はこれでバッチリ！

答え ▶ 86ページ

表に整理するしかた

1 ひろきさんの組で，すきな動物の名前を，1人が1つずつカードに書いたら，下のようになりました。 【48点】

パンダ	ぞ　う	ライオン	パンダ	きりん	し　か
ぞ　う	きりん	パンダ	ライオン	ぞ　う	パンダ
ライオン	パンダ	ぞ　う	きりん	パンダ	ライオン
パンダ	きりん	ぞ　う	ぞ　う	ライオン	パンダ
ぞ　う	く　ま	パンダ	ライオン		

① 動物ごとにすきな人の数を調べ，「**正**」の字を使って，右の表に表しましょう。　1つ4点（24点）

「**正**」の字は1つで5を表す。

一　丁　下　正　正
：　：　：　：　：
1　2　3　4　5

パンダがすきな人は，9人だね。

すきな動物

パンダ	正　正
ライオン	
ぞ　う	
きりん	
く　ま	
し　か	

② ①で調べた人数を数字になおして，右の表に書きましょう。「その他」のところには，「くま」と「しか」をあわせた人数を書きましょう。　1つ4点（20点）

③ 人数の合計をもとめて，右の表に書きましょう。　（4点）

すきな動物

しゅるい	人数（人）
パンダ	
ライオン	
ぞ　う	
きりん	
その他	
合　計	

2 あおいさんの組で，すきなおかしの名前を，１人が１つずつカード
に書いたら，下のようになりました。

【52点】

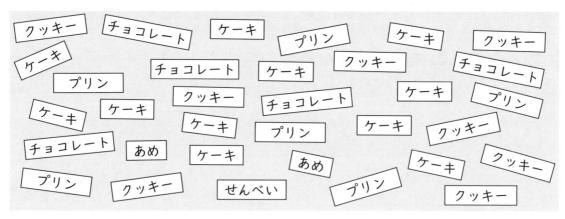

① おかしごとにすきな人の数を
調べ，「**正**」の字を使って，右
の表に表しましょう。

1つ4点 (24点)

すきなおかし

ケ ー キ	
クッキー	
プ リ ン	
チョコレート	
あ　　め	
せんべい	

② ①で調べた人数を数字にな
おして，右下の表に書きましょ
う。また，人数の合計も書きま
しょう。

1つ4点 (24点)

③ すきな人がいちばん多いおか
しは何ですか。また，それがす
きな人は何人いますか。

1つ2点 (4点)

しゅるい （　　　　　　　）

人数 （　　　　　　　）

すきなおかし

しゅるい	人数（人）
ケ ー キ	
クッキー	
プ リ ン	
チョコレート	
そ の 他	
合　　計	

その調子，その調子！

答え ▶ 86ページ

ぼうグラフのよみ方

1 下のグラフは，あおいさんの組の人がいちばんすきなスポーツを調べて，表したものです。

1つ6点【24点】

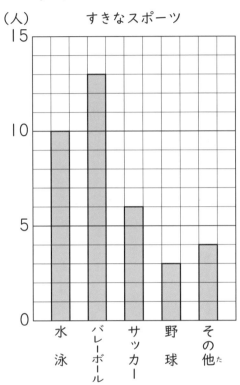

（人）　すきなスポーツ

① このグラフの1めもりは，何人を表していますか。

5めもりで5人を表していることから考えよう。

（　　　　　　　）

② すきな人がいちばん多いスポーツは何ですか。

（　　　　　　　）

③ 水泳，野球がすきな人は，それぞれ何人いますか。

水泳　　　　　　　　　野球
（　　10人　　　）（　　　　　　）
　　　　↑
1めもりが1人で，10めもり分。

2 下のグラフで，1めもりが表している大きさと，ぼうが表している大きさはどれだけですか。

1つ5点【20点】

①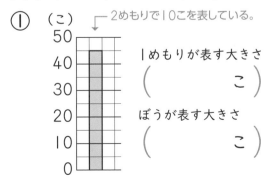

（こ）　2めもりで10こを表している。

1めもりが表す大きさ
（　　　　　　こ　）

ぼうが表す大きさ
（　　　　　　こ　）

②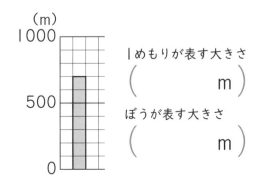

（m）

1めもりが表す大きさ
（　　　　　　m　）

ぼうが表す大きさ
（　　　　　　m　）

3 下のグラフは，だいちさんの学校の子どもが土曜日に集めたあきかんの数を学年べつに表したものです。

①8点，②から④1つ7点【36点】

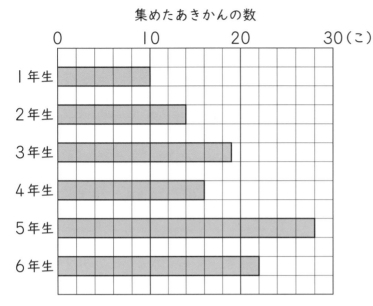

集めたあきかんの数

① このグラフの1めもりは，何こを表していますか。 （　　　　　　）

② いちばん多く集めたのは何年生で，何こですか。

学年 （　　　　　　）

こ数 （　　　　　　）

③ 3年生は何こ集めましたか。 （　　　　　　）

④ 4年生は，6年生より何こ少ないですか。 （　　　　　　）

4 下のグラフは，品物のねだんを表したものです。

1つ5点【20点】

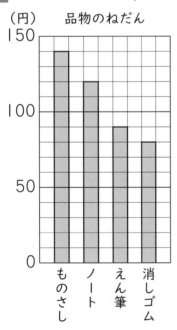

品物のねだん

① このグラフの1めもりは，何円を表していますか。

（　　　　　　）

② ノート，えん筆のねだんは，それぞれいくらですか。

ノート （　　　　　）　えん筆 （　　　　　）

③ ものさしは，消しゴムよりいくら高いですか。

（　　　　　　）

今日もよくがんばったね！

答え ▶ 87ページ

ぼうグラフのかき方

月　日　　10分

とく点

点

1　下の表は，昼休みに学校の前を通った乗り物の数を調べたものです。これを，①から④のじゅんに，ぼうグラフに表します。　　　　　【44点】

乗り物の数

しゅるい	乗用車	トラック	オートバイ	バス	その他
数（台）	13	11	8	5	6

【ぼうグラフをかくときの注意】
・しゅるいは表と同じじゅんで書く。
・いちばん多い数が表せるようにめもりを考える。
・表題は表と同じにする。

① ⑦～⑦に，横にしゅるいを書きましょう。
1つ2点（10点）

② ⑦～⑦に，たてのじくに，めもりが表す数とたんいを書きましょう。
1つ2点（10点）

③ 乗り物の数にあわせてぼうをかきましょう。
1つ4点（20点）

④ ⑦に，表題を書きましょう。
（4点）

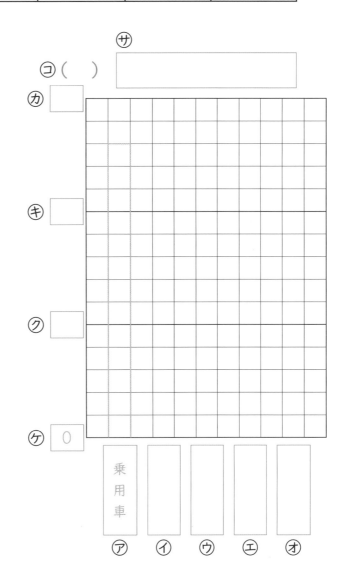

2 右の表は，ひかりさんが持っているおり紙の数を調べたものです。これを，ぼうグラフに表します。 【24点】

おり紙の数

色	赤	白	黄	黒
数（まい）	18	14	12	6

① たてのじくの□に，めもりが表す数を書きましょう。
1つ2点（4点）

② おり紙の数にあわせて，ぼうをかきましょう。
1つ5点（20点）

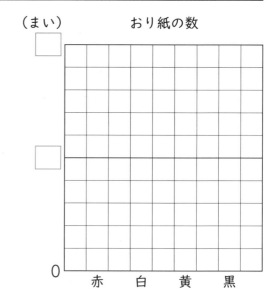

（まい）　おり紙の数

ぼうの長さと表の数がそれぞれ同じになってる？

3 右の表は，しおりさんたちが，今週の日曜日から水曜日までにおったつるの数を表したものです。これを，ぼうグラフに表します。 【32点】

おったつるの数

曜日	日	月	火	水
数（こ）	50	30	25	40

① 横のじくの□にめもりが表す数を書きましょう。
1つ2点（12点）

② おったつるの数にあわせて，ぼうをかきましょう。
1つ5点（20点）

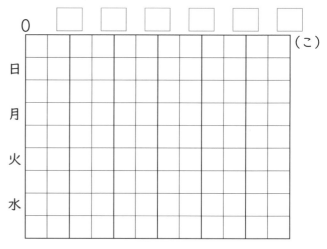

おったつるの数

見直しした？

答え ▶ 87ページ

ぼうグラフのくふう

1 下の㋐，㋑の表は，3年1組と2組の人がいちばんすきなきせつを調べて，表したものです。

1つ8点【40点】

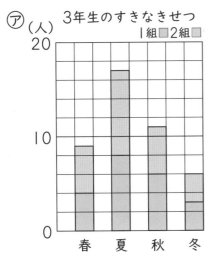

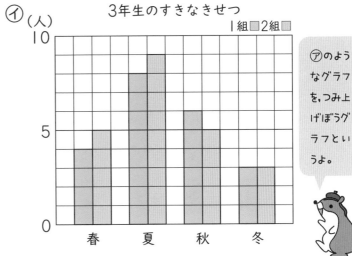

㋐のようなグラフを，つみ上げぼうグラフというよ。

① ㋐と㋑のグラフの1めもりは，何人を表していますか。

㋐（　　2人　　）　㋑（　　　　　）

↑
5めもりで10人

② 3年生で秋がすきな人は，何人いますか。

グラフを見ただけで人数がわ →（　　　　　　）
かるのは，㋐のグラフです。

③ 1組と2組ですきなきせつが同じ人数なのはどのきせつですか。

（　　　　　　）

④ 3年生で，どのきせつをすきな人が多いか，すぐにわかるのは，㋐と㋑のどちらのグラフですか。

（　　　　　　）

2 下の表は，3年生と4年生が冬で思い出すりょうりを調べたものです。これをつみ上げぼうグラフに表しましょう。【54点】

冬で思い出すりょうり

学年 りょうり	3年生	4年生	合計
なべ	15	14	29
おせち	14	12	26
おぞうに	8	9	17
その他	5	6	11
合計	42	41	83

（人）

①のⓐのグラフと同じようにグラフを表すよ。

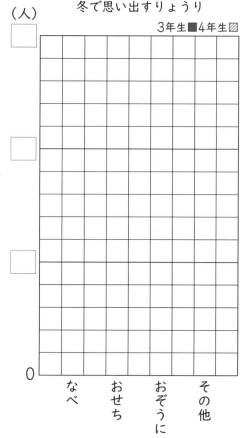

① たてのじくの□に，めもりが表す数を書きましょう。
1つ2点（6点）

② りょうりの人数にあわせて，3年生のぼうをかきましょう。
1つ6点（24点）

③ りょうりの人数にあわせて，4年生のぼうを3年生のぼうの上にかきましょう。
1つ6点（24点）

3 下のグラフは，1月と2月にあみさんと妹が読書をした日数を表したものです。ⓐとⓘのせつめいであてはまる記号を書きましょう。【6点】

ⓐ 1月と2月をあわせてどちらの日数が多いかわかる。

ⓘ 1月にあみさんと妹のどちらが読書した日が多いかわかる。

（　　　）

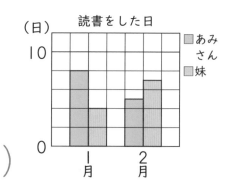

ぼうグラフのくふうは，よみとれた？

答え ▶ 87ページ

月　　日　⑩分

とく点

点

1 こはるさんの学校の3年生が住んでいる町を組べつに調べたら，下の表のようになりました。　　　　　　　　　　　　　　　　　　【45点】

3年1組

町	人数(人)
中山町	13
川上町	9
西田町	7
合　計	

3年2組

町	人数(人)
中山町	11
川上町	14
西田町	6
合　計	

3年3組

町	人数(人)
中山町	8
川上町	12
西田町	10
合　計	

① それぞれの組の人数の合計を，上の表に書き入れましょう。

1つ3点 (9点)

② 上の3つの表を，下のような1つの表にまとめます。あてはまる数を書き入れましょう。

1つ2点 (32点)

3年生が住んでいる町　　　　（人）

町＼組	1組	2組	3組	合計
中山町	13			
川上町	9			
西田町	7			
合　計				

← ここは，中山町に住んでいる人の合計。

↑ 3年生全部の人数。1組，2組，3組のそれぞれの合計を3つたすか，または，中山町，川上町，西田町のそれぞれの合計を3つたしてもとめる。

③ 川上町に住んでいる3年生は，みんなで何人いますか。　　　（4点）

(　　　　　　)

73

2 いちご，みかん，りんご，バナナの中でどれがいちばんすきか，えいたさんの学校の3年生について組べつに調べたら，下の表のようになりました。

【55点】

3年1組

しゅるい	人数(人)
いちご	16
みかん	7
りんご	5
バナナ	5
合　計	

3年2組

しゅるい	人数(人)
いちご	12
みかん	9
りんご	7
バナナ	3
合　計	

3年3組

しゅるい	人数(人)
いちご	13
みかん	5
りんご	10
バナナ	4
合　計	

① それぞれの組の人数の合計を，上の表に書き入れましょう。

1つ3点（9点）

② 上の3つの表を，下のような1つの表にまとめます。あてはまる数を書き入れましょう。

1つ2点（40点）

3年生がすきなくだもの　　　（人）

しゅるい＼組	1組	2組	3組	合計
いちご				
みかん				
りんご				
バナナ				
合　計				

③ すきな人がいちばん多いくだものは何ですか。また，それがすきな人は何人いますか。

1つ3点（6点）

しゅるい （　　　　　　　　） 人数 （　　　　　　　　）

表とグラフがわかったね。
さい後は，まとめテストだよ！

答え ▶ 88ページ

名前

月　日　15分

とく点

点

---

1 次の時こくや時間をもとめましょう。　　　　　　　1つ4点【8点】

①　午前9時25分から45分後の時こく

（　　　　　　　　　　　）

②　午後3時35分から午後5時25分までの時間

（　　　　　　　　　　　）

2 □にあてはまる数を書きましょう。　　　　　　　1つ4点【16点】

①　1分30秒 ＝ [　　　] 秒

②　100秒 ＝ [　　　] 分 [　　　] 秒

③　2km30m ＝ [　　　] m

④　4700m ＝ [　　　] km [　　　] m

3 次の数を数字で書きましょう。　　　　　　　　1つ4点【12点】

①　四千八十万六百

（　　　　　　　　　　　）

②　百万を7こ，十万を5こ，千を3こあわせた数

（　　　　　　　　　　　）

③　3080を100倍した数

（　　　　　　　　　　　）

4 下の数直線で，⑦，⑦のめもりが表す数は，それぞれいくつですか。
　　　　　　　　　　　　　　　　　　　　　　　　1つ4点【8点】

200000　300000　400000↓⑦　　　　　　　⑦↓

⑦（　　　　　　　　　　）　⑦（　　　　　　　　　　）

5 右の図のように，直径が16cmの大きい円の中に，大きい円の半径が直径となるように小さい円をかきました。 1つ6点【12点】

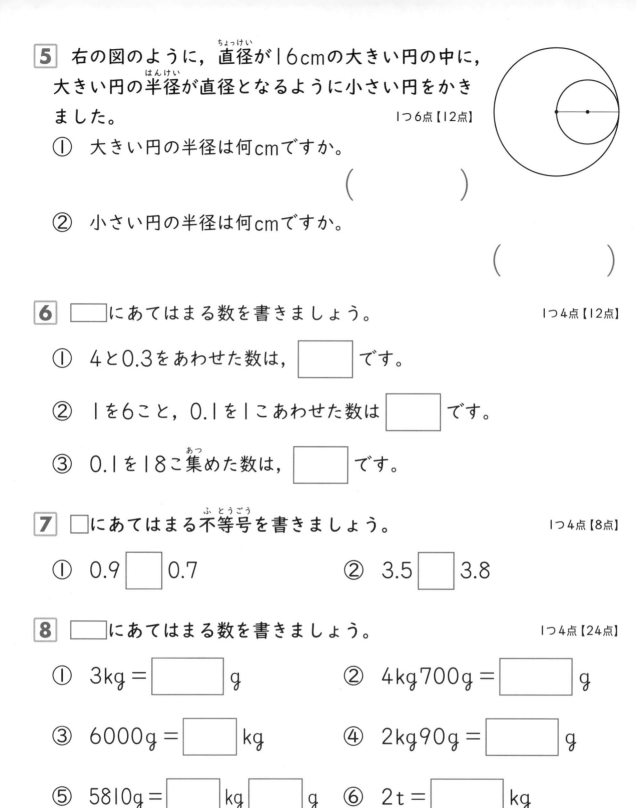

① 大きい円の半径は何cmですか。

(　　　　　)

② 小さい円の半径は何cmですか。

(　　　　　)

6 □にあてはまる数を書きましょう。 1つ4点【12点】

① 4と0.3をあわせた数は，□ です。

② 1を6こと，0.1を1こあわせた数は□ です。

③ 0.1を18こ集めた数は，□ です。

7 □にあてはまる不等号を書きましょう。 1つ4点【8点】

① 0.9 □ 0.7　　　　② 3.5 □ 3.8

8 □にあてはまる数を書きましょう。 1つ4点【24点】

① 3kg＝□ g　　　　② 4kg700g＝□ g

③ 6000g＝□ kg　　　④ 2kg90g＝□ g

⑤ 5810g＝□ kg □ g　　⑥ 2t＝□ kg

答え ▶ 88ページ

名前

月　日　15分

とく点

点

1 □にあてはまる数を書きましょう。　　　　　1つ5点【15点】

① 分母が8，分子が7の分数は，□　です。

② $\frac{1}{9}$ を5こ集めた数は，□　です。

③ 1は，$\frac{1}{7}$ を□　こ集めた数です。

2 色をぬった長さを，小数と分数で答えましょう。　　　1つ5点【10点】

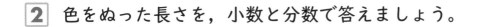

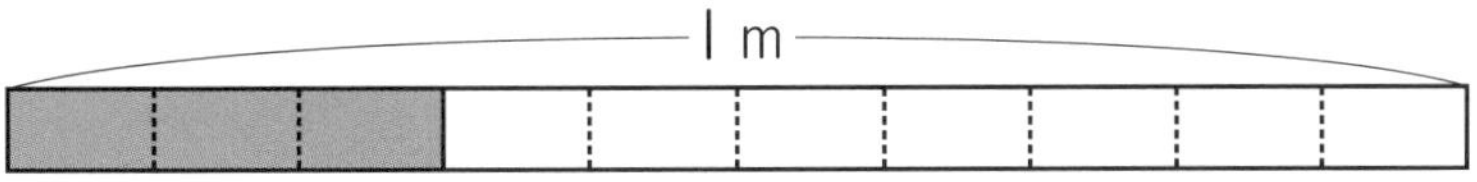

小数 (　　　　　)　　分数 (　　　　　)

3 □にあてはまる不等号を書きましょう。　　　　1つ6点【18点】

① $\frac{7}{9}$ □ $\frac{5}{9}$　　② $\frac{2}{3}$ □ 1　　③ $\frac{3}{10}$ □ 1.2

4 右の図は，アの点を中心にして半径2cmの
円をかき，その中に㋐と㋑の三角形をかいたも
のです。　　　　　　　　　　　1つ6点【18点】

① この円の直径は何cmですか。

(　　　　　)

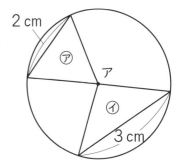

2cm

② ㋐，㋑は，それぞれ何という三角形ですか。

㋐ (　　　　　)　　㋑ (　　　　　)

5 次の三角形をかきましょう。 1つ6点【12点】

① 辺の長さが，5cm，4cm，4cmの二等辺三角形

② 1辺の長さが，5cmの正三角形

6 右のグラフは，ボール投げの記ろくを表したものです。 1つ6点【12点】

① みさきさんは12m投げました。グラフにぼうをかきましょう。

② はるなさんはなおみさんより，何m遠くへ投げましたか。

（　　　　　　）

ボール投げ

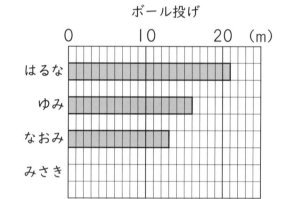

7 右の表は，さりなさんの学校の3年生と4年生の人数を表したものです。 1つ5点【15点】

① 表の㋐に入る数はいくつですか。

（　　　　　　）

② 4年生の人数は何人ですか。

（　　　　　　）

③ 3年生と4年生は全部で何人いますか。

（　　　　　　）

3年生と4年生の人数 （人）

	3年生	4年生	合計
1組	27	28	55
2組	28	25	53
3組	29	㋐	56
合計	84	80	164

答え ▶ 88ページ

答えとアドバイス

▶まちがえた問題は，もう一度やり直しましょう。
▶ **⊘アドバイス** を読んで，学習に役立てましょう。

① 時こくと時間のもとめ方　5~6ページ

1 ①午前10時20分
　　②午前8時45分

2 ①50分　　　②1時間55分

3 ①1時間30分
　　②1時間15分
　　③2時間10分

4 ①午前8時40分
　　②午後10時5分
　　③午前9時40分

5 ①40分（間）　　②55分（間）
　　③2時間35分

⊘アドバイス **4**②　午後8時40分から1時間後は午後9時40分，その25分後なので，午後10時5分です。

② 短い時間　7~8ページ

1 ①70　　　　②120
　　③100

2 ①20秒　　　②　45秒
　　③13秒　　　④57秒

3 ①4秒　　　②28秒
　　③46秒

4 1分30秒，110秒，2分

5 ①秒　　②時間　　③分

③ まきじゃく　9~10ページ

1 ①まきじゃく　　②ものさし
　　③まきじゃく

2 ①㋐4cm　　　㋑65cm

②㋒90cm
　　㋓1m32cm（132cm）

3 ①ものさし　　　②まきじゃく
　　③まきじゃく

4 ①㋐8cm　　　　㋑73cm
　　②㋒2m45cm（245cm）
　　　㋓2m91cm（291cm）
　　　㋔3m26cm（326cm）
　　③㋕11m70cm（1170cm）
　　　㋖12m2cm（1202cm）
　　　㋗12m47cm（1247cm）

④ 長い長さのたんい　11~12ページ

1 ①2000　　　　②5
　　③1900　　　　④4070
　　⑤2，100　　　⑥1，590
　　⑦6，20

2 ①1km200m　　②1km700m

3 ①1km　　　　②2300m
　　③1km300m　　④1600m
　　⑤2km100m　　⑥1100m
　　⑦3200m　　　⑧1km700m

4 ①4000　　　　②2800
　　③3，600　　　④6
　　⑤1040　　　　⑥5，340
　　⑦4，80　　　　⑧3930

5 ①1km400m　　②1km900m

6 ①1500m　　　②2km
　　③1km100m　　④1km300m
　　⑤3km　　　　⑥2km700m
　　⑦1km740m　　⑧2040m

5 一万の位までの数　13~14ページ

1 ①12435　②30000
　③20310

2 ①四万八千六百五十三
　②九万七百二十

3 ①52816　②39200

4 ①41523　②23051

5 ①三万七千二百十五
　②五万六百七十
　③七万三

6 ①42657　②59060
　③20394　④90008

アドバイス 何もない位には0を書くことに注意して数字を書きましょう。

6 一億までの数　15~16ページ

1 ①八十四万千六百二十五
　②四百三十万七千九百
　③千五十三万六千

2 ①672492
　②3804500
　③9020370
　④20709100

3 ①六十九万七千二百八十一
　②二百五万四千七十
　③九百三十万八千二
　④四千七百万六百

4 ①348910
　②7208060
　③64003007

5 ①100000000
　②100000000

アドバイス 1のような位取り表をつくって数字をあてはめると，数が読

みやすくなります。

7 大きい数の表し方としくみ　17~18ページ

1 ①42700
　②90030
　③815000
　④26380000
　⑤70090000
　⑥6002100

2 ①37こ　　②190こ

3 ①91080
　②30600
　③579000
　④6200000
　⑤42070000
　⑥30408000
　⑦2953600

4 ①41000　②520000

8 数直線　19~20ページ

1 ①⑦32000
　②⑦35200　⑦36800
　　㋤39300
　③㋖460000　㋛620000
　　㋗770000

2 ①1000000　②100000000

3 ①⑦67000　⑦84000
　　㋤106000
　②㋤59500　㋛60900
　　㋕63200
　③㋖830000　㋗1080000
　　㋘1240000
　④㋙32710　㋚32970
　　㋛33050

4 ①800000　②80000

⑨ **数の大小** 21~22ページ

1 ①> ②< ③< ④>
  ⑤< ⑥> ⑦<

2 ①> ②< ③< ④=
  ⑤= ⑥<

3 ①< ②< ③> ④<
  ⑤> ⑥> ⑦< ⑧>
  ⑨> ⑩<

4 ①> ②< ③< ④=
  ⑤> ⑥= ⑦> ⑧<

💡アドバイス 4 計算をすると，式の答えは次のようになります。
①63000 ②8000 ③5000
④6000 ⑤60000 ⑥80000
⑦400万 ⑧900万

⑩ **10倍，100倍，1000倍，10でわった数** 23~24ページ

1 ①620 ②900
  ③3400

2 ①4800，48000
  ②3000，30000
  ③51900，519000

3 ①42 ②8 ③60

4 ①30 ②540 ③7200
  ④800 ⑤9030 ⑥6000

5 ①2100，21000
  ②80000，800000
  ③30800，308000

6 ①4 ②25 ③90
  ④17 ⑤268 ⑥503

7 ①80円 ②170円

⑪ **円** 25~26ページ

1 ①⑦中心 ①半径

②同じ

2 ①アエ ②直径

3 ①6 ②12 ③4

4 ①半径 ②直径
  ③2

5 ①10 ②7
  ③6 ④4，5

6 ①4cm ②8cm

💡アドバイス 円の中心，半径，直径の意味や，直径の長さは半径の2倍になっていることを，おぼえておきましょう。

⑫ **円のかき方** 27~28ページ

1，2 次の 💡アドバイス のように円がかけていれば正かいです。

💡アドバイス コンパスで円をかくときは，コンパスを半径の長さに開いて中心の場所にはりをさしてかきます。コンパスはそれぞれ，次の長さに開きます。

1 ①2cm ②3cm

2 ①2cm ②3cm
  ③3cm5mm

3，4 同じもようがかけていれば正かいです。

💡アドバイス 4 色のついた点を中心にして，左のもようは半径2cm，右のもようは半径4cmの円をかきます。

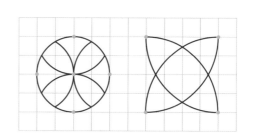

1 ①
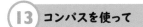
3cm　3cm　3cm　3cm

②
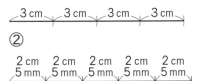
2cm　2cm　2cm　2cm　2cm
5mm　5mm　5mm　5mm　5mm

2 ①
```
ア      イ      ウ
赤 ───────┼───────┼───────
黒 ───┼───┼───┼───
```
②赤い線

3 ①

5cm　5cm　5cm

②
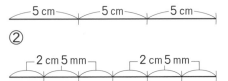
2cm5mm　　2cm5mm

4 ①

```
赤 ─────┼─────┼─────
黒 ───┼───┼───┼───
```

②黒い線

5 エ，キ

❶アドバイス **5**では，アの点を中心にして，半径2cmの円をかき，その線と重なっている点を見つけます。

1 ①円　　②半径　　③直径
2 ①8　　　②20
　　③3
3 ①6cm　　②12cm
4 ①16　　②9
　　③7　　④3，5
5 ①⑦　　②⑦
6 8cm
7 18cm

❶アドバイス **7** ボールの直径は，12÷2=6（cm）で，箱のたての長さは，ボールの直径の3こ分なので，6×3=18（cm）

1 ①0.5L　　②0.8L
　　③1.3L　　④1.6L
　　⑤2.2L　　⑥2.7L
2 ⑦0.6cm　　①5.1cm
　　⑦6.8cm
3 ①0.4L　　②0.9L
　　③1.8L　　④2.3L
4 ⑦0.2cm　　①3.4cm
　　⑦7.9cm　　①10.7cm
5 整数…①，①
　　小数…⑦，⑦，①

1 ⑦0.3　　①1.7　　⑦3.1
2 ①2.6　　②10.2　　③8
3 ①1.5　　　②24
4 ⑦7.7　　①9.3　　⑦10.5
5 ①5.2　　　②2.7
　　③3，4　　④8.2
6 ①1.2　　　②3
　　③21　　　④40

❶アドバイス **3**② 2.4を2と0.4に分けて考えるとよいです。

　2　　→0.1が20こ
　0.4→0.1が　4こ
　─────────────
　2.4→0.1が24こ

5④ 小数点のすぐ右の位が小数第一位です。　　8.2
　　　　　　　　　　　　　↑
　　　　　　　　　　小数第一位

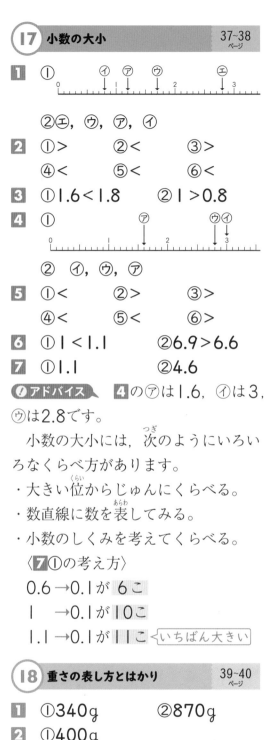

④900g

⑤1kg600g(1600g)

⑥3kg400g(3400g)

5 **①**29kg(29000g)

②250g

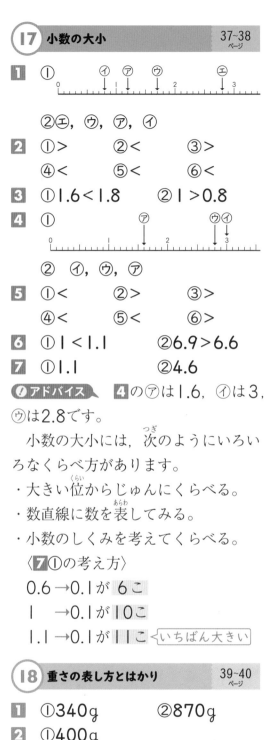 **アドバイス** はりがさしている重さ
は，大きいめもりからじゅんによんで
いくとよいです。たとえば **1** **①**では，

1. はりは，300gと350gの間，

2. 次に大きいめもりは10gずつ大
きくなって，350gより1めもり
分小さいから340g。

---

⑰ 小数の大小 〈37~38ページ〉

1 **①**

②㋓, ㋒, ㋐, ㋑

2 **①**>　　**②**<　　**③**>

④<　　**⑤**<　　**⑥**<

3 **①**1.6<1.8　　**②**1>0.8

4 **①**

② ㋑, ㋒, ㋐

5 **①**<　　**②**>　　**③**>

④<　　**⑤**<　　**⑥**>

6 **①**1<1.1　　**②**6.9>6.6

7 **①**1.1　　**②**4.6

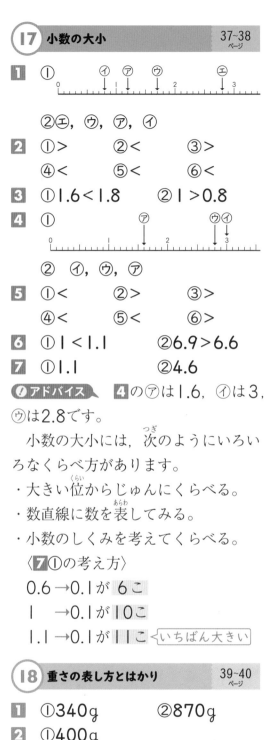 **アドバイス** **4** の㋐は1.6，㋑は3，
㋒は2.8です。

小数の大小には，次のようにいろい
ろなくらべ方があります。

・大きい位からじゅんにくらべる。

・数直線に数を表してみる。

・小数のしくみを考えてくらべる。

〈 **7** ①の考え方〉

0.6 →0.1が 6こ

1　→0.1が10こ

1.1 →0.1が11こ ＜いちばん大きい

---

⑱ 重さの表し方とはかり 〈39~40ページ〉

1 **①**340g　　**②**870g

2 **①**400g

②1kg300g(1300g)

3 **①**2kg200g(2200g)

②3kg800g(3800g)

4 **①**280g　　**②**730g

③1kg700g(1700g)

---

⑲ 重さのたんい 〈41~42ページ〉

1 **①**2000　　**②**4

③1300　　**④**5800

⑤2，450　　**⑥**2000

⑦5

2 **①**1kg400g　　**②**1kg700g

3 **①**1kg　　**②**2300g

③1kg700g　　**④**3300g

⑤1700g　　**⑥**4kg600g

⑦1030g

4 **①**5000　　**②**2900

③3070　　**④**3

⑤4，180　　**⑥**6000

5 **①**kg　　**②**t　　**③**g

6 **①**1kg300g　　**②**1kg900g

7 **①**㋑, ㋐, ㋓, ㋒

②㋓

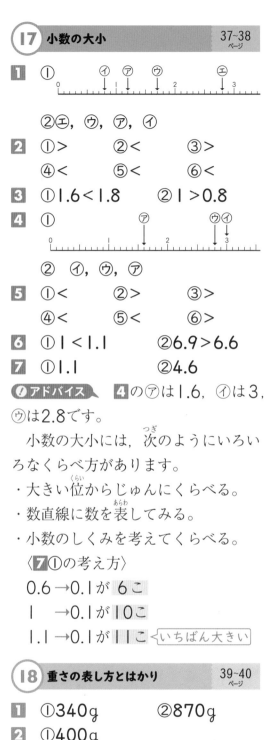 **アドバイス** **7** ① 重さをgにそろ
えると，㋐4300g，㋑5000g，
㋓4050gとなります。

②では，㋓が4kgとのちがいは50g
で，4kgにいちばん近いです。

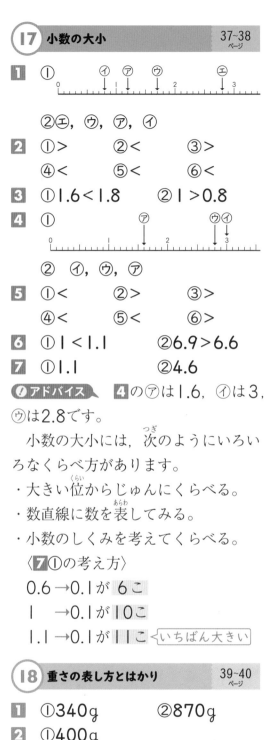 83

たんいのかんけい

1 長さ…mm, cm, m, km

かさ…L, mL, dL

重さ…g, kg, t

2 ①1　　②1　　③1

④1　　⑤1000　⑥1000

3 ①1000　　②1000

4 ①⑦10　　④100

⑦1000　　①1000

②⑦100　　⑦10

⑦1000

③⑦1000　　⑦1000

5 ①m　②m　③L　④kg

6 ①○　②△　③○　④△

アドバイス　5① 1cmの100倍
は1mなので、4cmの100倍は、4m
になります。

21 算数 パズル

❶ れい

❷ ④の絵の1600m地点と，

5300m地点

アドバイス　❶ 道の通り方は、一
通りではありません。ほかの通り方も
さがしてみましょう。

22 **分けた大きさの表し方**

1 ① $\frac{1}{4}$ m　　② $\frac{1}{2}$ m

③ $\frac{2}{5}$ m

2 ① $\frac{1}{3}$ L　　② $\frac{2}{4}$ L

3 ① $\frac{5}{9}$ 　　② $\frac{5}{7}$

4 ① $\frac{1}{5}$ m　　② $\frac{4}{6}$ m

③ $\frac{5}{7}$ m　　④ $\frac{4}{9}$ m

5 ① $\frac{1}{5}$ L　　② $\frac{2}{3}$ L

③ $\frac{2}{6}$ L　　④ $\frac{7}{8}$ L

6 ① $\frac{3}{5}$ 　　②1, 7, 6

③ $\frac{3}{10}$

23 **1までの分数のしくみ**

1 ①⑦ $\frac{1}{5}$ m　　④ $\frac{3}{5}$ m

② $\frac{4}{5}$ m　　③5こ分

2 ① $\frac{5}{7}$ 　　②4　　③8

3 ①<　　②>

4 ①⑦ $\frac{1}{6}$ m　　④ $\frac{5}{6}$ m

②⑦ $\frac{1}{8}$ L　　① $\frac{5}{8}$ L

5 ① $\frac{3}{4}$ 　　②7

③3　　④10

6 ①<　　②>

③<　　④=

㉔ 1より大きい分数のしくみ　51~52ページ

1 ①⑦6こ分　　　④9こ分

②⑦ $\frac{6}{5}$m　　　④ $\frac{9}{5}$m

③10, 10

2 ① $\frac{8}{7}$　　②9　　③ $\frac{6}{3}$, 2

3 ①<　　　　②>

4 ①⑦ $\frac{6}{4}$m　　　④ $\frac{8}{4}$m

②⑦ $\frac{7}{6}$L　　　④ $\frac{11}{6}$L

5 ④, ⑨

6 ① $\frac{5}{3}$　　　②14

7 ①>　　　　②<

③>　　　　④=

⊘アドバイス **5** 分子が分母より大きい分数は，1より大きい分数です。

㉕ 分数と小数　53~54ページ

1 ①0.1　　　②4, 4

③⑦ $\frac{3}{10}$　④ 0.6　⑨ $\frac{8}{10}$

④ $\frac{12}{10}$　⑦ 1.2

2 ① $\frac{5}{10}$　② $\frac{9}{10}$　③ $\frac{13}{10}$

④0.2　⑤0.7　⑥1.4

3 ⑦ $\frac{2}{10}$, 0.2　④ $\frac{8}{10}$, 0.8

⑨ $\frac{11}{10}$, 1.1

4 ① $\frac{4}{10}$, 0.4　② $\frac{15}{10}$, 1.5

③ $\frac{6}{10}$, 0.6　④ $\frac{17}{10}$, 1.7

5 ① $\frac{3}{10}$　　　② $\frac{7}{10}$

③0.9　　　　④1.6

㉖ 分数と小数の大小　55~56ページ

1 ①<　　②>　　③=　　④>

⑤<　　⑥<　　⑦>　　⑧>

2 ①0.4< $\frac{6}{10}$　② $\frac{8}{10}$>0.5

③1.4> $\frac{7}{10}$　④1.1= $\frac{11}{10}$

3 $\frac{13}{10}$

4 ①=　　②<　　③>　　④<

⑤<　　⑥=　　⑦>　　⑧<

⑨<　　⑩>

5 ① $\frac{5}{10}$>0.1　②1.2= $\frac{12}{10}$

6 ① $\frac{9}{10}$　　　②1.1

㉗ 正三角形と二等辺三角形　57~58ページ

1 ①二等辺三角形

②正三角形

③二等辺三角形

④正三角形

⑤二等辺三角形

2 二等辺三角形…⑨

正三角形…④, ④

3 二等辺三角形…④, ④, ④

正三角形…⑨, ④

4 ①二等辺三角形

②二等辺三角形

③正三角形

⊘アドバイス **3** 辺の長さは，コンパスを使って調べましょう。

28 三角形のかき方 59~60ページ

1 ① れい

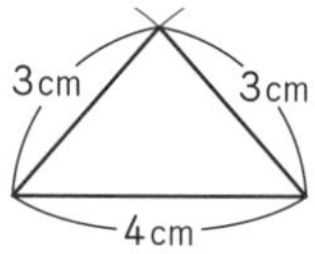

② れい

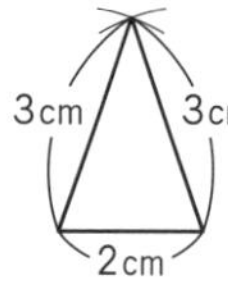

③ れい

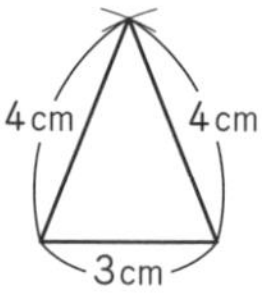

④ れい

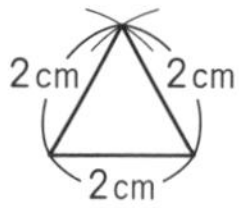

⑤ れい

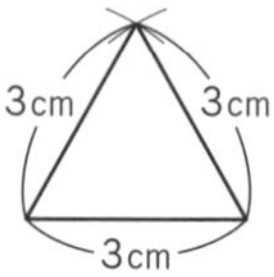

2 ① れい

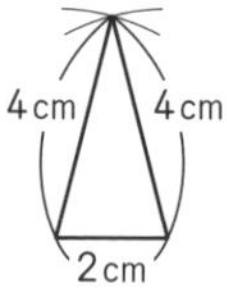

② れい

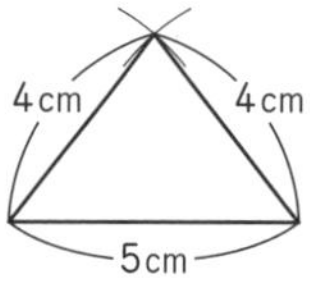

③ れい

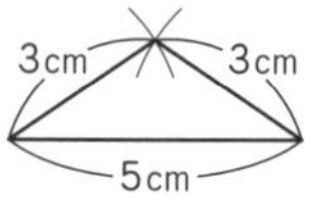

④ れい

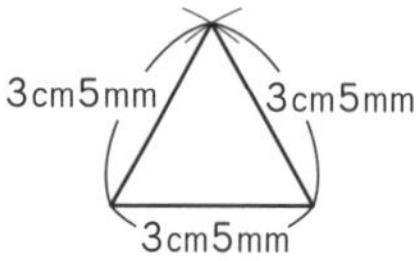

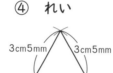

⑤ れい

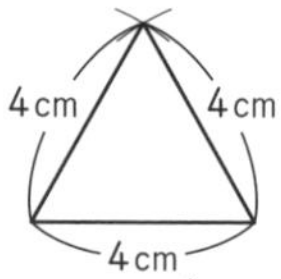

⑥ れい

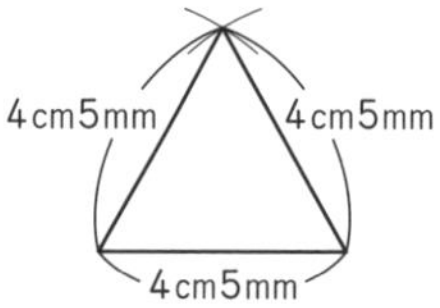

※図の辺(へん)の長さは，じっさいの長さとはちがっています。

29 三角形と角 61~62ページ

1 ①㋑ ②㋒

2 ①㋐二等辺三角形
㋑正三角形
②㋒(の角)
③㋔(の角)，㋕(の角)

3 ㋒，㋐，㋑

4 ①㋑ ②㋑(の角)
③㋔(の角)，㋕(の角)

5 ①二等辺三角形 ②㋑

アドバイス **5** 円の半径(はんけい)となる辺(へん)は長さが5cmなので，㋐は二等辺三角形，㋑は正三角形になります。

30 三角じょうぎ 63~64ページ

1 ①㋐㋒(の角) ㋑㋓(の角)
②㋑(の角) ③㋐(の角)
④㋔(の角) ⑤㋑

2 二等辺三角形

3 ①㋒(の角)
②㋓(の角)，㋕(の角)
③㋐二等辺三角形(直角三角形)
㋑正三角形

4 ①㋐，㋓，㋔ ②㋑，㋒，㋔

31 表に整理するしかた 65~66ページ

1 ①

パンダ	正 𤴓
ライオン	正 一
ぞう	正 丅
きりん	𤴓
くま	一
しか	一

②，③

しゅるい	人数（人）
パンダ	9
ライオン	6
ぞう	7
きりん	4
その他	2
合計	28

2 ①

ケーキ	正 正 一
クッキー	正 下
プリン	正 一
チョコレート	正
あめ	丅
せんべい	一

②

しゅるい	人数（人）
ケーキ	11
クッキー	8
プリン	6
チョコレート	5
その他(た)	3
合計	33

③しゅるい…ケーキ
人数…11人

32 ぼうグラフのよみ方　67〜68ページ

1 ①1人　　②バレーボール

③水泳…10人　野球…3人

2 ①1めもり…5(こ)

　　ぼう…45(こ)

②1めもり…100(m)

　　ぼう…700(m)

3 ①2こ

②学年…5年生

　　こ数…28こ

③19こ　　　④6こ

4 ①10円

②ノート…120円

　　えん筆…90円

③60円

アドバイス　ぼうグラフをよむときには、グラフの1めもりが表す大きさをつかむことが大切です。

調べたことをぼうグラフに表すと、ぼうの長さで、何が多くて何が少ないかがひと目でわかります。

33 ぼうグラフのかき方　69〜70ページ

1 ①〜④

（右のグラフ）

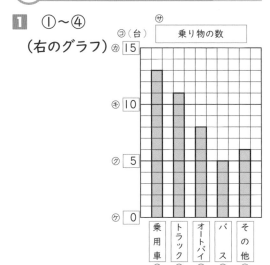

2 ①, ②

（右のグラフ）

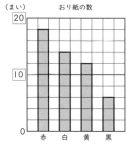

3 ①, ②

（右のグラフ）

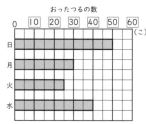

34 ぼうグラフのくふう　71〜72ページ

1 ①⑦2人　　　①1人

②11人　　　③冬

④⑦（のグラフ）

2 ①〜③

（右のグラフ）

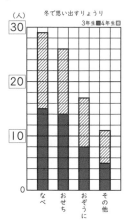

3 ①

アドバイス　**1**⑦のグラフは、1組と2組をあわせた人数がわかりやすく、①のグラフは、1組と2組の人数がくらべやすいです。

③のすきなきせつが同じ人数かひと目でわかるのは①のグラフで、それぞれ3人です。

3　⑦がわかりやすいのは、**1**⑦のようなつみ上げぼうグラフです。

1 ①3年1組…29
　　3年2組…31
　　3年3組…30

②

町＼組	1組	2組	3組	合計
中山町	13	11	8	32
川上町	9	14	12	35
西田町	7	6	10	23
合　計	29	31	30	90

③35人

2 ①3年1組…33
　　3年2組…31
　　3年3組…32

②

しゅるい＼組	1組	2組	3組	合計
いちご	16	12	13	41
みかん	7	9	5	21
りんご	5	7	10	22
バナナ	5	3	4	12
合計	33	31	32	96

③しゅるい…いちご
　人数…41人

⚡アドバイス　1つにまとめた表では，それぞれの数が何を表しているか，きちんとよみ取れることが大切です。

1③　川上町のらんを横に見て，合計の数をよみます。

2③　右はしの合計のらんの数がいちばん多いものをえらびます。

1 ①午前10時10分
　②1時間50分

2 ①90　　　　②1，40
　③2030　　　④4，700

3 ①40800600
　②7503000　　③308000

4 ⑦450000　　⑦690000

5 ①8cm　　　②4cm

6 ①4.3　　　②6.1
　③1.8

7 ①＞　　　　②＜

8 ①3000　　　②4700
　③6　　　　④2090
　⑤5，810　　⑥2000

⚡アドバイス　4　1めもりは10000を表しています。

5　小さい円の直径は，大きい円の半径になっています。

1 ①$\frac{7}{8}$　　②$\frac{5}{9}$　　③7

2 小数…0.3m　　分数…$\frac{3}{10}$m

3 ①＞　　②＜　　③＜

4 ①4cm
　②⑦正三角形　⑦二等辺三角形

5 辺の長さをはかって，正しくかけていれば正かいです。

6 ①右の図
　②8m

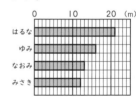

7 ①27　　　　②80人
　③164人

⚡アドバイス　4②　⑦は1辺の長さが2cmの正三角形，⑦は辺の長さが3cm，2cm，2cmの二等辺三角形です。

6②　はるなさんは21m，なおみさんは13m投げました。